LE LAIT

TOURS. — IMPRIMERIE DESLIS FRÈRES ET Cie

LE LAIT

PRODUCTION, COMPOSITION, ALTÉRATION
RÉGLEMENTATION
CONSTATATION DE LA FRAUDE
JURISPRUDENCE

MANUEL PRATIQUE ÉLÉMENTAIRE
A L'USAGE DES AGENTS DE PRÉLÈVEMENT
ET DES PRODUCTEURS

PAR

Louis VILLAIN

MÉDECIN-VÉTÉRINAIRE
CHEF HONORAIRE DU SERVICE D'INSPECTION
DES VIANDES
DE PARIS ET DU DÉPARTEMENT DE LA SEINE

Fernand PETIT

JUGE AU TRIBUNAL CIVIL
DE
BAUME-LES-DAMES

PARIS

H. DUNOD ET E. PINAT, ÉDITEURS
47 et 49, Quai des Grands-Augustins

1912

PRÉFACE

Il faut en convenir, malgré les rigueurs de la législation nouvelle, le fraudeur persiste dans sa funeste besogne, et des critiques plus vives s'élèvent tous les jours contre la loi du 1er août 1905 et sur son application.

Le commerce honnête crie à la vexation.

Le public proclame la faillite de la loi et va même jusqu'à accuser la justice de complaisances coupables à l'égard des fraudeurs.

Ceux-là, seuls, peuvent se réjouir de cet état de choses.

Le mal, heureusement, n'est pas aussi profond et le remède est facile.

Préparons seulement les agents chargés de rechercher et de constater les infractions à la loi de 1905, à la délicate mission qui leur est confiée. Alors qu'ils seront initiés, ils pourront faire œuvre utile, et l'on pourra dire que les fraudeurs de lait ont vécu.

C'est à ce résultat que nous consacrons ce modeste travail.

INTRODUCTION

S'il est un produit qui mérite protection contre la fraude, c'est bien le lait. Il constitue une des principales richesses de notre commerce agricole; il est une des grandes sources de notre alimentation. Il est surtout la nourriture presque exclusive des jeunes enfants, des malades et des vieillards. La moindre altération dont il peut être l'objet peut donc avoir les conséquences les plus funestes.

Ces altérations voulues, ces fraudes, sont nombreuses; elles l'étaient déjà dans l'antiquité, elles continuent à florir de nos jours. Cela tient évidemment au trafic énorme opéré sur ce produit — 13 milliards de litres de lait sont consommés annuellement en France — mais cela tient aussi à ce que la fraude du lait est peut-être la plus difficile à réprimer.

De tous temps, le législateur s'est montré sévère à l'égard des fraudeurs; nous n'en voulons pour preuve que cette ordonnance des archives du Puy-de-Dôme, signée Jacques de Tourzel, datée de 1481, et qui édicte « que tout homme ou femme qui aura vendu du lait mouillé sera saisi et attaché bien curieusement au pilori; qu'il lui sera mis un entonnoir dans la gorge et entonné ledit lait mouillé jusques à temps qu'un médecin ou barbier déclare qu'il n'en peut, sans danger de mort, avaler davantage. »

Pour en être moins barbare, la législation actuellement en vigueur (nous voulons dire la loi du 1er août 1905) n'en a pas moins suffisamment armé le juge pour frapper fort le falsificateur convaincu.

C'est à recueillir les éléments de nature à établir cette conviction et à empêcher qu'ils ne s'échappent que doivent s'attacher ceux qui sont chargés de rechercher et de constater les infractions qui pourraient être commises à la loi.

Mais, pour arriver à ce résultat, pour que les autorités à qui le décret du 31 juillet 1906 a confié cette mission puissent faire œuvre utile, il est absolument indispensable qu'ils possèdent quelques connaissances, sinon tout à fait techniques, du moins assez générales, sur le produit qu'ils ont à contrôler.

Ces connaissances leur permettront, au moment du prélèvement d'échantillons, de faire par eux-mêmes des constatations qui pourront avoir, dans la suite, une importance énorme ; elles seront de nature à provoquer, de la part des intéressés, des déclarations qui constitueront la meilleure garantie du commerce honnête, mais qui assureront, en même temps, la perte inévitable du fraudeur surpris.

LE LAIT

CHAPITRE I

LA VACHE LAITIÈRE

Conformation générale. — Distinction des races. — Vache pleine, vache prête à vêler. — Age par les dents et les cornes. — Choix de la vache laitière.

Le lait varie de qualité suivant qu'il est produit par certaines races de vaches. La nourriture, le temps écoulé depuis le part, la gestation avancée, l'aptitude individuelle, l'heure et le mode de la traite sont aussi des facteurs qui influent non seulement sur la quantité, mais encore sur la qualité du lait. Etudions rapidement tous ces points.

§ I. — Conformation générale.

La vache laitière doit être de forme gracile ; sa conformation est en effet spéciale. Long rein, dos légèrement ensellé, croupe large, hanches écartées, poitrine ample, profonde, sont des signes qui frappent tout d'abord l'observateur, signes qui répondent à des développements d'organes intimement liés au bon fonctionnement de la matrice, de la mamelle et des poumons (*fig.* 1).

La peau est fine, souple, se plissant aisément et facile à détacher au niveau des fausses côtes. Le poil est fin, court et rendu brillant par une sécrétion sébacée abondante (P. GODBILLE). Le squelette est réduit, le cornage peu volumineux, la queue fine à la base descend bien au-dessous des jarrets. La musculature est peu développée, formant une encolure et des cuisses aplaties et étriquées.

Le pis est formé de quatre mamelles appelées quartiers. Ces quartiers, qui ont un trayon propre, sont absolument indépendants les uns des autres, à tel point qu'un quartier peut être malade sans que les autres aient à souffrir.

Les veines qu'on voit se dessiner au flanc, près du pis, en renflements flexueux sous la peau, s'enfoncent dans l'abdomen par une ouverture appelée *fontaine du lait*. Contrairement aux dires des gens, le sang que ces veines charrient ne va pas à la mamelle, mais en revient.

Fig. 1. — Extérieur de la vache.

1. Trayons.	6. Nuque.	11. Périnée.
2. Mamelles ; Pis.	7. Mufle.	12. Hanche.
3. Veines ; Fontaines du lait.	8. Fanon.	13. Fesse.
4. Grasset.	9. Reins.	14. Epaule.
5. Chignon.	10. Garrot.	15. Encolure.

§ II. — Caractères distinctifs des principales races de vaches laitières.

Les races de vaches laitières portent en elles des qualités qui les font rechercher, de préférence, des producteurs de lait dans les grands centres. D'une manière générale, on peut dire, avec les zootechniciens, que l'Ouest a le privilège de la matière grasse et l'Est des matières albuminoïdes et du lactose : c'est-à-dire l'Ouest fournit le beurre et l'Est le fromage.

La plus belle race laitière de France est, sans contredit, la *race normande* ; peut-être, même, est-elle la première du monde entier ([1]). Elle se divise en deux variétés :

La cotentine et l'augeronne. Cette dernière donne par an 2.500 litres de lait très crémeux et riche en beurre. Le lait de la cotentine est également riche en crème : le beurre qu'on en extrait est le meilleur et le plus délicat que l'on connaisse. Il n'y a qu'à citer le nom d'Isigny pour donner aussitôt à l'esprit l'idée de la perfection dans la production du beurre.

On voit à Paris, dans les étables des nourrisseurs, quelques vaches normandes dont le lait très gras vient enrichir celui des autres vaches auquel il est mélangé.

La vache normande vient du Calvados, de l'Orne, de la Manche, quelquefois de la Seine-Inférieure et aussi de l'Eure. Elle a un caractère uniforme, invariable : c'est celui de la robe dite *bringée*, constituée par des zébrures noirâtres tombant depuis le dos jusqu'au bas du ventre sur un fond de poils rouge brun. La tête est courte, le mufle large, épais, comme refoulé ; les orbites saillantes, les cornes petites, re-

FIG. 2. — Normande.

courbées en haut et en avant. La physionomie paraît renfrognée. C'est la cotentine (*fig.* 2)([2]).

Une variété, l'*augeronne*, a une robe moins foncée avec des taches blanches plus volumineuses.

Dans le Charolais, le Nivernais, on trouve des sujets entiè-

([1]) LERMAT, *Mémoire sur les vaches laitières.*
([2]) Les figures 2 et 6 en partie d'après Pertus dans *La Viande saine* de L. Villain.

rement blancs aux formes régulières et dont la gentillesse de la tête est proverbiale (*fig.* 3 et 4).

FIG. 3. — Charolaise-Nivernaise.   FIG. 4. — Charolaise.

La *vache nivernaise*, dont les formes sont si jolies, est une assez bonne laitière. On la voit peu cependant chez les grands producteurs de lait.

En Auvergne, la vache a une robe d'un brun rouge, presque chocolat. La tête est forte, le chanfrein droit, resserré, les cornes assez bien portées, le fanon peu tombant (*fig.* 5).

Cette vache n'est pas une grande laitière ; elle peut donner cependant 2.000 litres de lait par an, un lait caséeux principalement.

FIG. 5. — Salers.

La vache *limousine* est de petite taille, elle fournit peu de lait, à peine 1.500 litres annuellement. C'est surtout une bête de travail qu'on envoie tardivement à la boucherie.

La vache limousine porte une robe froment foncé ; la tête

est petite, bien faite, les cornes sont contournées sur elles-
mêmes et dirigées, presque
horizontalement, la pointe un
peu en arrière (*fig.* 6).

Dans le Tarn, l'Aude,
l'Ariège, l'Aveyron, les animaux ont une robe ordinairement gris blaireau dont la
teinte est plus foncée sur la
tête, le cou, les fesses, tandis
que la face interne des membres reste très claire. Les
cornes sont noires aux extrémités

Fig. 6. — Limousine.

et les muqueuses des pau-
pières et du mufle ont une
coloration noirâtre. La *race
d'Aubrac* en est le type pur
(*fig.* 7).

En Bretagne, il existe
deux variétés de petites
vaches. Dans les Côtes-du-
Nord, les animaux sont de
couleur pie rouge avec les
extrémités noires, comme
dans la race choletaise. Le
Finistère élève des sujets

Fig. 7. — Gasconne.

dont le poil est pie noir. La tête est
fine, gentille, le chanfrein droit, les
cornes contournées en lyre.

La *vache bretonne* est une grande
race formée de très petits sujets. C'est
une laitière d'amateur qui, bien nourrie, peut, après le vêlage, fournir 8 à
10 litres de lait par jour, un lait butyreux produisant un excellent beurre,
justement renommé (*fig.* 8).

Dans la Loire-Inférieure, les ani-
maux se rapprochent beaucoup plus comme couleur et

Fig. 8. — Bretonne.

comme cornage des bœufs *cholets;* le mufle, le pourtour des yeux, les extrémités des cornes sont noires, et la robe un peu grise rappelle celle des bœufs *maraîchins.* Quant aux vaches de l'Ille-et-Vilaine, elles empruntent beaucoup à la race *man-celle* avec laquelle elles se mélangent chaque jour.

Dans la Sarthe, on trouve la *man-celle* et les métis anglais de cette race, les *Durham manceaux.* La tête est fine, le chanfrein droit, les cornes dirigées de côté, en haut et en avant. Le pelage varie beau-coup, depuis le blanc pur qui semble appartenir à la race primitive jus-qu'à une teinte presque pie rouge. Les poils sont longs, touffus, héris-sés parfois. Lorsque les animaux sont entièrement blancs, on les

Fig. 9. — Durham-Manceau.

différencie encore par les poils de l'intérieur des oreilles de teinte rouge (*fig.* 9).

La race *choletaise,* bien que fournissant des sujets peu lai-tiers, mérite cependant d'être citée ici, en raison de son im-portance. Produite surtout dans les Deux-Sèvres, elle se reconnaît à la robe gris jaunâtre avec des poils noirs aux oreilles, à l'extré-mité de la queue, au pourtour du sabot. Les muqueuses du nez, de l'œil, de l'anus, de la vulve sont de couleur noire (*fig.* 10).

La race *comtoise* est formée par deux races parentes, la *tourache* et la *fémeline,* qu'on trouve dans les montagnes de la Franche-Comté, sur les bords de la Saône et dans les plaines de la Bresse.

Fig. 10. — Choletaise.

La vache tourache est de robe jaune roux avec de larges taches blanches; la tête est courte et épaisse, les naseaux

bruns ; les cornes, très grosses à la base, sont relevées vers les pointes ; la queue est attachée assez haut.

La vache fémeline est plus fine, plus élancée. Sa robe est jaune froment presque uniforme, le mufle rose, les cornes blanches ou jaunâtres. Ces races tendent à disparaître, concurrencées par les races fribourgeoises importées.

La femelle bovine comtoise fournit 2.500 litres de lait par an, un lait riche en matières albuminoïdes, qu'on emploie surtout à la fabrication des fromages à pâte dure (*fig.* 11).

La vache *flamande* est le type de la grande laitière ; c'est celui qui est le plus apprécié des nourrisseurs parisiens. Des pâturages flamands,

FIG. 11. — Vache Comtoise ou Montbéliarde.

dit Godbille[1], il sort, au commencement du printemps et à l'entrée de l'hiver, dix mille têtes de génisses qui émigrent vers Béthune, Arras, Bapaume, Péronne et les centres agricoles de la Somme, où elles se mêlent à quelques élèves de l'Artois et de la Picardie.

Cette vache donne jusqu'à 3.500 litres de lait dans son année et s'engraisse facilement. Ce lait est un peu maigre, surtout quand les sujets sont forcés par l'administration de buvées tièdes, abondantes et leur séjour dans une atmosphère chaude. Il tombe à 6 à 7 litres après douze à quinze mois de traite continue.

FIG. 12. — Flamande.

La vache flamande est toujours de robe acajou uniforme un peu plus foncé sur le dos et au pourtour du mufle. La tête

(1) GODBILLE, *la Vache laitière à Paris*, in *Répertoire de police sanitaire*.

est longue, les cornes courtes dirigées en avant, la queue fine, implantée bas (*fig.* 12).

Les vaches *picarde* et *ardennaise* constituent deux variétés de la race flamande. Ces appellations indiquent les régions où elles sont élevées. Les vaches ainsi nommées sont moins laitières que celles de la souche primitive. Leur conformation rappelle beaucoup le type flamand, tout en ayant des pelages variés, pie rouge, pie noire ou tout noir ou tout rouge.

Dans la Haute-Garonne, le Lot-et-Garonne et la Dordogne existe une race dite *agenaise, garonnaise*, dont la tête est volumineuse avec des cornes assez grosses et dirigées en dehors et en bas. Souvent l'une d'elles a été sciée en vue de faciliter l'attelage au joug. Le pelage est jaune froment plus ou moins clair (*fig.* 13).

FIG. 13. — Garonnaise.

Les deux départements des Pyrénées élèvent une race de couleur froment clair. Les vaches donnent ici un veau chaque année, du lait tous les jours et du travail forcé toute leur existence, triple destination des bovidés domestiques, comme le disent avec juste raison les zootechniciens (*fig.* 14).

A Bazas, et à quelques lieues à l'entour, existe une variété gasconne dénommée *bazadaise*, dont le pelage est de couleur d'un gris très foncé, résultat d'un croisement avec la race Schwitz.

FIG. 14. — Vache des Pyrénées ou d'Aure.

En Savoie, nous trouvons la race dite d'*abondance*, qui ressemble à la vache de Simmenthal, de la Suisse. On y voit aussi la variété *tarentaise* d'un gris foncé ou gris jaunâtre, souvent charbonné à la tête (*fig.* 15).

La vache *hollandaise* est celle qui est recherchée pour les étables de Paris. C'est la bête à grand rendement qu'on achète très cher sur les marchés de Rotterdam et d'Amsterdam. Elle donne 3.800 litres de lait par an, un lait pauvre en principes gras qu'on mélange ordinairement à d'autres provenant de sujets meilleurs.

Fig. 15. — Vache tarentaise.

La vache hollandaise a un pelage ordinairement pie noire. Cependant, on en voit quelques-unes qui sont pie rouge ou pie souris. Le front est large ; les cornes courtes, recourbées en avant, sont souvent noires (*fig.* 16 et 17).

Fig. 16. — Hollandaise croisée.

Fig. 17. — Hollandaise pure.

Nous rencontrons un peu partout dans les étables de France trois types de vaches de la Suisse. Ce sont les races *schwitz*, *fribourgeoise* et *bernoise*.

La vache schwitz est de robe brune, avec une ligne foncée tout le long de l'épine dorsale et à l'entour du mufle. Le ventre, les mamelles et la face interne des membres ont une teinte plus claire, dégradée, se fondant doucement avec le fond de la robe (LERMAT).

La tête est courte, large avec les cornes en lyre d'un gris foncé. Le pourtour des ouvertures naturelles est taché de noir (*fig.* 18).

FIG. 18. — Schwitz.   FIG. 19. — Fribourgeoise.

Le type fribourgeois a la robe pie noire, la tête grosse, chargée de fortes cornes jaunâtres avec la pointe noire ; le mufle est noir ; la queue, attachée très haut, fait une saillie caractéristique (*fig.* 19).

La vache *bernoise*, de même que celle de *Simmenthal*, a la robe pie rouge, c'est-à-dire formée de très larges taches rouges sur fond blanc. Le mufle est rosé, la queue est nettement détachée de la croupe.

Les *vaches suisses* sont avantageusement connues, surtout celles provenant du canton de Schwitz dont les volumineuses mamelles vont jusqu'à produire par an 3.500 et même 4.000 litres de lait. La vache fribourgeoise donne une moyenne de 2.500 litres de lait de très bonne qualité, riche en caséine. Ce lait est surtout employé à la fabrication du fromage de Gruyère.

Les *races anglaises* élevées dans les îles de Jersey, Guernesey, dans la Manche, jouissent d'une réputation universelle, surtout la vache de Jersey qui, plus petite que la bretonne, donne par an 2.000 litres de lait riche en beurre. Cette bête perd toutes ses qualités en passant sur le continent.

Nous arrêterons à ce point ce court aperçu des principales

races laitières utilisées dans les grands centres de production du lait, là où l'on a intérêt à frauder ce liquide précieux.

Il est difficile, on le voit, de donner par écrit la physionomie essentielle de nos vaches laitières. C'est par la vue, souvent répétée, qu'on peut, à la longue, les classer, les distinguer entre elles. La photographie ne peut même pas les rendre exactement : il faut y joindre la couleur de la robe qui joue ici une certaine importance.

Nous avons fait cependant de notre mieux, en donnant, avec quelques figures, les caractères grossiers qui sautent de suite aux yeux et qui peuvent permettre un peu aux profanes de se reconnaître dans une étable qu'ils ont à visiter.

§ III. — Vache pleine, vache prête à vêler.

Au bout du cinquième mois, on reconnaît qu'une vache est pleine au volume exagéré de son ventre. Si, avec le poing, on soulève brusquement le flanc droit, on peut arriver à sentir le veau. Dans ce mouvement on a déplacé le fœtus qui flotte dans le liquide de l'amnios et on l'a fait ensuite retomber comme un corps dur sur la main fermée.

A la campagne, il est dans l'habitude, lorsqu'on veut s'assurer si la vache est pleine, de lui faire boire un peu d'eau froide. Au moment de la déglutition, on peut quelquefois voir, du côté droit, le long du flanc, les mouvements du fœtus.

Plus tard, lorsque le terme de la gestation approche, les mamelles se gonflent, les lèvres de la vulve deviennent turgescentes, tandis que les muscles saillants situés de chaque côté de la queue se relâchent. La bête est dite *cassée* ; elle va bientôt mettre bas.

Connaissant l'âge des vaches par la dentition ou encore par les cornes, on peut, tablant sur les coutumes commerciales, admettre que la femelle bovine fait un veau chaque année à partir de deux ans environ.

§ IV. — Age de la vache par les dents et les cornes.

L'âge de la vache est indiqué par les dents incisives de la
mâchoire inférieure et aussi par les cornes frontales.

La mâchoire supérieure, on le sait, ne possède pas de
dents incisives, mais
bien un bourrelet gin-
gival assez ferme.

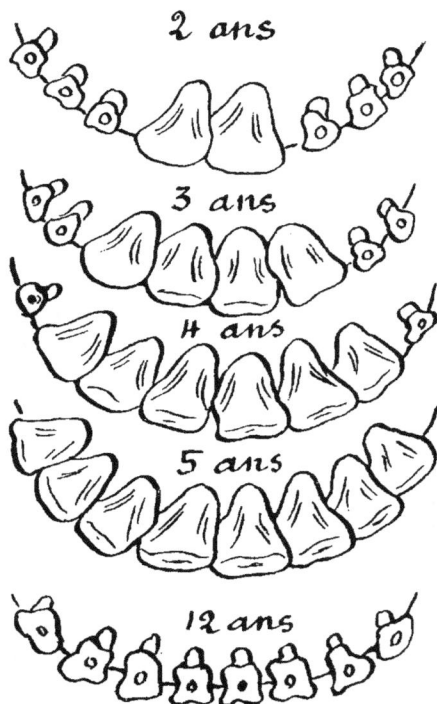

A. On compte chez
le bœuf huit incisives
qui se distinguent en
dents caduques ou de
lait et en dents de
remplacement ou d'a-
dulte. Les dents ca-
duques subsistent jus-
qu'à deux ans. A par-
tir de cette époque,
les pinces tombent,
puis les mitoyennes
et enfin les coins.

La poussée des in-
cisives de remplace-
ment se fait à peu près
à des époques fixes
(*fig.* 20).

De vingt à vingt-
quatre mois, appari-
tion des pinces ; à
trois ans, sortie des
premières mitoyennes ; à quatre ans, les deuxièmes mitoyennes
évoluent ; à cinq ans, la percée des coins est faite.

B. Autrefois on jugeait l'âge des sujets par l'examen des
cornes frontales, aujourd'hui, ce contrôle est un peu abandonné, car les marchands, en faisant la toilette de l'animal

FIG. 20. — Age de la vache.

avant sa mise en vente, ont travaillé les cornes, les ont limées, arrondies, polies, en vue de rajeunissement.

On comptait les cercles ou sillons existant à la base des cornes et qui augmentent de nombre au fur et à mesure que l'animal vieillit.

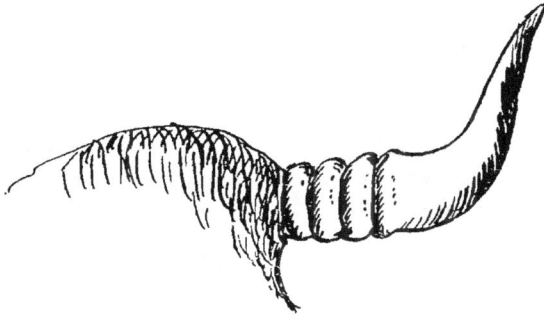

Fig. 21. — Age par les sillons de la corne (6 ans).

Il est admis que jusqu'à l'âge de trois ans les premiers cercles s'effacent et qu'il ne reste plus qu'un seul sillon. Nous ajoutons que si l'on compte par sillons dans la détermination de l'âge, le plus rapproché de la base de la corne doit compter pour trois ans (*fig.* 21).

§ V. — Choix de la vache laitière.

L'industrie laitière est en grand progrès dans les pays d'Europe; aussi, plus que jamais, à cause de la concurrence redoutable, l'exploitation des vaches laitières demande-t-elle à être conduite avec une prudence toute scientifique. Le choix de la vache laitière constitue donc un point capital qui repose sur des données que nous allons essayer de mettre succinctement en lumière.

Hérédité. — L'aptitude laitière est transmise par hérédité, aussi doit-on, avant tout, quand il est possible de se procurer le renseignement, s'assurer des qualités familiales de la bête, de ses qualités d'origine. (A. Samson.)

Portes du lait. — Si l'on porte la main sur les parties saillantes du dos, on constate que l'épine dorsale est échancrée de fossettes auxquelles on a donné le nom de *portes supérieures* du lait, ou *fontaines du dos*. L'écartement de ces fossettes est un bon signe des qualités laitières de la vache.

Sous le ventre, on trouve les *portes inférieures* ou *les fontaines de dessous;* ce sont des ouvertures qui laissent passage aux grosses veines qui reviennent du pis. Les grandes dimensions de ces fontaines sont aussi d'excellents caractères de la vache bonne laitière.

Veines du lait. — Les veines qu'on voit se dessiner en renflements flexueux sous la peau, en arrière des fontaines de dessous, celles du pis, quand elles sont développées, caractérisent la bonne laitière. Les veines qui serpentent au périnée, dans l'espace compris entre la vulve et le haut du pis, sont l'apanage des laitières de premier ordre.

Épis et écussons. — La crête de poils qui délimite postérieurement une certaine étendue de la mamelle entre les cuisses, constitue un dessin auquel Guenon, cultivateur de Libourne, donna, en 1828, le nom d'écusson. Cet écusson avait pour lui une signification très importante dans la classification des vaches, selon leur valeur comme laitière.

« D'après Aujolet, le système de Guenon peut se formuler ainsi : Dans toutes les races et chez les animaux mâles et femelles de chaque race, l'aptitude lactifère, comme quantité et durée, est proportionnée à l'étendue en surface qu'occupe l'écusson sur le périnée, le pis, l'intérieur des cuisses et des jambes, quelles que soient d'ailleurs sa forme et sa figure.

« Les épis, situés sur la partie périnéenne de l'écusson, la diminuent d'autant ; ils indiquent une réduction dans la quantité, et ceux situés de chaque côté de la vulve, une réduction dans la durée du rendement. Cette théorie est actuellement un peu délaissée. »

Signes des qualités beurrières. — Dans les contrées où la bête bovine est entretenue en vue de la fabrication du beurre, on considère, comme signe important, la présence, dans l'intérieur des oreilles, d'un corps gras, jaunâtre, dénommé *couleur indienne* en Normandie.

La qualité beurrière de la vache est encore caractérisée par l'onctuosité de la peau au niveau de l'écusson, et par une certaine quantité de légères pellicules que les éleveurs désignent sous le nom de son et qu'ils font tomber par un simple grattage de la peau.

Un autre signe curieux est fourni par les papilles buccales de Renault-Lizot. En ouvrant la bouche des vaches, on peut voir, à la face interne des joues, de petites pointes de chair qui, si la bête est bonne beurrière, sont grosses, larges, et plates comme si l'on en avait coupé la pointe ; au contraire, si la vache est mauvaise beurrière, ces papilles sont toutes pointues.

Kronacher expose au Congrès vétérinaire de la Haye qu'on peut prévoir la quantité de lait, mais pas la qualité, par l'examen extérieur de la vache.

« On jugera du rendement en lait d'après le poids de l'animal, la grandeur et le développement du squelette, de la tête, du dos, de la poitrine, des membres, du tronc, de la mamelle.

« L'étude des rapports entre l'extérieur de la vache et sa puissance laitière n'est pas encore approfondie. En sélectionnant d'après les connaissances actuelles, nous augmenterons le rendement de nos vacheries et créerons, peu après, le type accompli de la laitière ([1]) ».

Les zootechniciens sont d'accord pour reconnaître qu'il est plus avantageux d'entretenir une forte vache qu'une petite, car le rendement en litres de lait par 100 kilogrammes de poids vif est plus grand chez la bête de haute taille.

Les nourrisseurs admettent volontiers que le maximum de la lactation coïncide avec la quatrième parturition, c'est-à-dire avec l'âge de cinq à six ans, plus tard, la sécrétion lactée ne fait plus qu'aller en diminuant.

([1]) *Revue générale de médecine vétérinaire* (1er-16 octobre 1909).

CHAPITRE II

HABITATION DES VACHES LAITIÈRES

Étable et laiterie. — Hygiène de la vache laitière et de la traite.
Exploitation des vaches laitières.

L'étable destinée à abriter les vaches laitières doit être large,
spacieuse et convenablement aérée. Elle doit être tenue proprement, avec une litière abondante et souvent renouvelée. Il
n'en est pas toujours ainsi. Dans les pays de production du
lait, on laisse au contraire les animaux dans des endroits
obscurs, étroits, où règne une température élevée, afin, disent
les gens, de ne pas fatiguer l'organisme. Ces vacheries, où un
homme de taille ordinaire peut à peine se tenir debout, ont, la
plupart du temps, un sol sale et malodorant.

En se couchant toujours au même endroit dans leurs excréments, les vaches nourries en stabulation permanente ac-
quièrent bientôt sur la partie externe des cuisses, des épaules,
du ventre et des membres une couche épaisse de bouse des-
séchée, dure, qui ressemble parfois à des écailles imbriquées
adhérant très solidement aux poils. On ne se donne pas la
peine d'enlever cette fiente, cette crasse ; on l'expose même
sur les marchés, montrant ainsi aux acheteurs empressés non
pas la qualité des animaux de boucherie, mais bien la marque
de l'engraissement méthodique subi.

On a essayé à maintes reprises de réagir contre cette coutume un peu étrange, il faut le dire, comme s'il était besoin
d'être sale pour être de bonne race. Mais arriver à déraciner
d'un seul coup les vieilles habitudes n'a jamais été chose facile
en France comme ailleurs. Dans certaines campagnes, il est

encore admis qu'on doit laisser la crasse recouvrir comme une calotte la tête des jeunes enfants au sein, au grand dam de l'hygiène et malgré les prescriptions contraires des médecins.

Les excréments accumulés et desséchés sur les cuisses des vaches laitières s'enlèvent avec une très grande difficulté en leur provoquant le plus souvent des souffrances inutiles, aussi ne cherche-t-on pas à les retirer, lorsque la couche en est trop épaisse, et, surtout, trop ancienne. C'est dès le début qu'on doit agir en pratiquant sur les vaches des soins journaliers auxquels elles ont droit, comme du reste tous les animaux domestiques. Il est regrettable, en effet, que les vaches laitières, dont le lait sert, chaque jour, à la nourriture exclusive de bien des gens, ne soient pas mieux traitées que les bœufs de travail. Nous avons vu, il y a quelques jours à peine, dans une contrée riche en pâturages, des vaches, dont les mamelles grosses d'un lait butyreux reposaient au milieu d'excréments humides, sans litière pour ainsi dire. Et cependant ces souillures répétées n'étaient pas faites, croyons-nous, pour donner au lait une valeur plus grande.

§ I. — Étables. — Laiteries.

A Paris, et dans les villes de plus de 5.000 âmes, on exige pour l'ouverture de nouvelles vacheries des conditions spéciales que nous allons rappeler ici, car ce sont des règlements types qu'il est bon d'avoir constamment sous les yeux et dont les campagnes devraient s'inspirer quelquefois.

1° ÉTABLES

1° L'étable devra avoir des dimensions telles que chaque vache ait à sa disposition un cube d'air d'au moins 20 mètres, et un espace de 1^m,45 en largeur sur 3^m,20 en longueur; sa hauteur minima sera de 2^m,80. On devra, en outre, ménager, derrière chaque rangée de vaches, une allée de service ayant au moins 1^m,30 de largeur. Par exception, si la largeur de l'étable ne peut dépasser 4 mètres, la hauteur devra être portée à 3^m,50.

L'étable ne devra contenir aucun objet encombrant (coffre, baquet, etc.) pouvant diminuer l'espace réservé aux vaches, ou gêner la circulation dans l'allée de service ;

2° Les urines, purins, eaux de lavage ou de pluie seront écoulées à l'égout par une canalisation souterraine s'amorçant par un siphon dans l'étable ou dans la cour ;

3° Le sol de l'étable et de la cour sera rendu imperméable et disposé en pente pour le facile écoulement des liquides à l'amorce de la canalisation souterraine. — Dans les cours d'une grande surface, l'imperméabilisation pourra être limitée : 1° aux ruisseaux ; 2° à la partie attenant aux murs de l'étable et de la laiterie sur une largeur minima de 2 mètres. En tout cas, la partie non imperméabilisée devra être pavée et le pavage devra toujours être maintenu en bon état.

En aucun cas, l'écoulement au ruisseau de la rue ne pourra être toléré.

L'écoulement dans des citernes étanches se vidant à la manière des fosses d'aisances ne sera toléré que pour des établissements éloignés de tout égout et de toute agglomération importante et, en outre, à condition qu'il y aura, à proximité, des terres arables sur lesquelles on pourra faire l'épandage de la vidange de ces fosses;

4° On plafonnera le plancher haut de l'étable au niveau des solives; si l'étable est surmontée de locaux habités, le plancher sera construit en fer et hourdé plein ;

5° En outre des portes et des châssis vitrés en nombre suffisant pour assurer un bon éclairage, l'étable sera ventilée par des cheminées d'aération (au moins une par six vaches). Ces cheminées devront être construites en poteries, monter au-dessus du toit, avoir au moins 25 *centimètres* de côté et n'être jamais obstruées;

6° A l'intérieur, les murs de l'étable seront cimentés jusqu'à la hauteur de 1^m,75 au-dessus du sol; dans le reste de leur étendue, ils seront enduits en plâtre et blanchis à la chaux vive, ainsi que les plafonds, au moins une fois l'an, au mois de mai ;

7° Les mangeoires seront établies en matériaux lisses et imperméables et supportées par un contre-mur enduit en ciment et mesurant au moins 22 centimètres d'épaisseur. Tous les angles en seront arrondis ;

8° Les fumiers seront déposés sur une aire imperméable disposée en pente et entourée d'un ruisseau étanche conduisant les purins à l'amorce de la canalisation souterraine. Les fumiers seront complètement enlevés en toute saison, avant huit heures du matin en été, avant neuf heures en hiver, trois fois par semaine. Dans les quartiers populeux, les fumiers seront enlevés tous les jours, si cela est jugé nécessaire. Après chaque enlèvement de fumier, l'aire sera lavée et désodorisée ;

9° On aura de l'eau sous pression en quantité suffisante pour laver matin et soir l'étable, la laiterie, la cour et les ruisseaux et les maintenir dans un état constant de propreté. Dans chaque étable, il y aura une prise d'eau avec robinet fileté.

En cas de plaintes du voisinage reconnues fondées, le sol de l'étable, les ruisseaux et les fumiers devront être désodorisés matin et soir. A cet effet, on pourra employer avec avantage une solution de chlorure de zinc à 5 0/0, du plâtre cuit, des superphosphates pulvérisés ou tout autre procédé efficace ;

10° Les dépôts de fourrages seront séparés de l'étable par un mur en maçonnerie ; s'ils sont placés au-dessus de l'étable, le sol sera rendu incombustible et impénétrables aux poussières au moyen d'une aire en plâtre ou en ciment, d'un carrelage ou de tout autre moyen. Il ne pourra être placé aucun foyer ni aucun conduit de fumée dans le local servant à emmagasiner les fourrages.

2° LAITERIES

11° Chaque vacherie comportera un local spécialement affecté à la laiterie.

Ce local n'aura aucune communication directe soit avec aucune pièce servant à l'habitation, soit avec les cabinets d'aisances ; le tuyau d'écoulement de l'évier devra être pourvu d'un siphon ;

12° Le sol de la laiterie sera imperméable et disposé en pente pour le facile écoulement des eaux résiduaires et de lavage, qui devront être dirigées vers l'amorce de la canalisation souterraine conduisant à l'égout.

Les murs seront pourvus d'un revêtement imperméable, (ciment, marbre, verre, céramique, etc.) jusqu'à la hauteur de $1^m,75$ au-dessus du sol ; dans le reste de leur étendue, ils seront recouverts d'une peinture vernissée.

L'éclairage sera assuré par de larges châssis vitrés et la ventilation par une ou plusieurs cheminées d'appel s'élevant au-dessus du toit et mesurant au moins $0^m,25$ de côté.

Les tables, consoles, rayons, etc., seront en matériaux imperméables ;

13° Les vases destinés à recevoir ou à distribuer le lait seront en matériaux imperméables (verre, porcelaine ou métal toujours bien étamé à l'étain fin) ; ils seront munis d'un couvercle de même matière. L'emploi de récipients émaillés ou vernissés au plomb est formellement interdit ;

14° Tout récipient ayant servi devra être lavé soigneusement avec une solution bouillante de carbonate de soude ; il sera rincé avec de l'eau bouillie : cette précaution est indispensable, l'eau non bouillie renfermant des microbes capables d'altérer le lait ;

15° La laiterie ne devra renfermer aucune substance ou appareil (dépôt de pétrole ou d'essence minérale ou autre, moteur à gaz ou pétrole) capable de répandre des gaz, des vapeurs ou des odeurs pouvant imprégner le lait et lui communiquer un goût mauvais ;

16° L'élevage et l'engraissement des porcs est interdit, sauf autorisation spéciale. Toutefois, on pourra tolérer l'entretien de deux porcs destinés à utiliser le lait qui n'aurait pu être vendu dans la journée. Mais la porcherie devra être complètement distincte de la vacherie ; être éloignée de la laiterie et remplir toutes les conditions d'imperméabilité du sol et des murs, d'écoulement des urines et des eaux de lavage qui sont imposées à toutes les porcheries ;

17° A l'intérieur de Paris, l'entretien d'une basse-cour ne sera autorisé que dans les conditions prévues par l'ordonnance du préfet de police du 25 août 1880.

3° FOSSES A DRÈCHES

18° *Au-dessous du sol*, la fosse sera constituée en maçonnerie (meulière ou brique et mortier de ciment), les murs auront au moins 0^m,45 d'épaisseur ; les angles seront arrondis ; le radier, construit en mêmes matériaux revêtus de ciment de Portland, sera disposé en pente ou en cuvette ; il sera recouvert d'un plancher mobile, plan, en bois de chêne, permettant l'égouttement (ou suint) de la drèche ; à la partie la plus déclive aboutira l'orifice, en forme de siphon, d'un conduit souterrain (en grès ou en fonte) conduisant à l'égout le plus voisin ; si l'écoulement à l'égout est impossible, le suint sera recueilli dans une cuvette cimentée, établie à la partie déclive de la fosse ; cette cuvette sera vidée à la main, toutes les fois que ce sera nécessaire ; la profondeur de la fosse, au-dessous du sol, ne dépassera jamais 1^m,20.

Au-dessus du sol, le mur en fondation pourra être prolongé en forme de margelle sur une hauteur de 1 mètre et une épaisseur de 0^m,25. Dans la partie du mur en élévation seront ménagées des barbacanes, en nombre suffisant, ayant au moins 0^m,25 de largeur et occupant toute la hauteur de la margelle ; il sera enduit en ciment et son parement intérieur sera le même que celui du mur de fondation.

La fosse devra rester constamment ouverte ; elle sera protégée : contre la pluie, par un hangar à claire-voie ; contre les poussières ou autres impuretés entraînées par le vent, par des châssis en toile métallique ou par de légers paillassons [1].

---

[1] Extrait de la notice de la préfecture de police indiquant les conditions d'exploitation applicables aux établissements classés.

§ II. — Hygiène de la vache laitière et de la traite.

Les vaches doivent être pansées chaque jour, brossées, étrillées et épongées, en un mot, comme le cheval, son commensal dans quelques exploitations agricoles.

La traite sera pratiquée, une fois les mamelles lavées à l'eau tiède et au savon autant que possible. Les mains de l'opérateur seront tenues dans une extrême propreté avant chaque traite. Il est répugnant de voir, en effet, dans certains pays d'élevage réputé, l'opération de la traite faite sans soin, sans eau souvent, alors que les mains du vacher portent le long des doigts des sillons excrémentitiels bien marqués.

Il est recommandé de laisser tomber à terre les premiers jets de la traite qui renferment un plus grand nombre de bactéries que ceux du milieu de l'opération (KONING).

Pendant la traite, il est bon de ne pas laisser traîner au hasard la queue de l'animal ordinairement malpropre et salie par les déjections. Animée de mouvements rapides en tous sens, cette queue peut souiller le lait et embarrasser le trayeur au moment de son travail ; il faut donc la maintenir stable d'une façon ou d'une autre.

Le lait qui tombe de la mamelle est ordinairement recueilli dans des seaux métalliques faciles à nettoyer et à étamer au besoin.

La propreté de la traite a une grande utilité ; en empêchant la chute de parcelles d'excrément ou de corps étrangers, elle évite l'altération du lait, son acidité précoce et écarte enfin les chances de diarrhée chez l'enfant (¹).

(¹) H. MARTEL, *Conditions hygiéniques de la production du lait*, in *Revue de la Société scientifique d'hygiène alimentaire et de l'alimentation rationnelle de l'homme*, t. VII, 1909.

§ III. — Exploitation des vaches laitières. Prix de revient du lait.

On constate que, dans la Beauce, le *Doit* et l'*Avoir* d'une vache laitière appartenant à une étable de vingt têtes environ peuvent s'établir ainsi qu'il suit :

« *Dépenses annuelles*. — Les vaches achetées 600 francs à quatre ans sont revendues six ans après avec 200 francs de perte, soit une perte annuelle de 30 à 35 francs ; moyenne : 32 francs. Intérêt du capital d'achat : 600 francs à 4 0/0, soit 24 francs ; assurance à 2,5 0/0, 15 francs ; soins vétérinaires, ventes forcées avant six ans, 15 francs ; main-d'œuvre : un vacher à 750 francs par an, nourri à la ferme, 350 francs : total, 1.300 francs, et par tête : 1.300 : 20 = 65 francs ; travail du cheval de cour, 18 francs ; taureau, 14 francs ; nourriture pendant les six mois d'hiver (betteraves, son, tourteau, menue paille, paille d'avoine, litière), au total : 225 fr. 85 ; nourriture pendant les six mois d'été (fourrages verts, tourteau, son ou issues, paille d'avoine, litière), 201 francs. Total général des dépenses : 609 fr. 85.

« *Recettes annuelles*. — 10.000 kilogrammes de fumier de ferme à 11 francs la tonne, 110 francs ; un veau vendu à trois semaines, 50 francs ; total : 160 francs ; 3.100 litres de lait, moins 150 litres pour le veau, soit 2.950 litres, coûtant 609 fr. 85 — 160 = 449 fr. 85.

« D'où il résulte que le prix de revient du litre de lait est, dans les conditions observées en Beauce, de 449 fr. 85 : 2.950 = 0 fr. 152. Or, au prix moyen de 0 fr. 13 auquel diverses sociétés achètent le lait dans la région, il faudrait, pour n'être pas en perte, obtenir de chaque vache laitière entretenue, 449 fr. 85 : 0 fr. 13 = 3.460 litres, plus 150 litres à consommer par le veau, soit au total 3.600 litres.

« Cette moyenne n'étant pas atteinte ordinairement, dans les conditions où nous nous sommes placés, il en résulte que le fermier doit, ou bien consentir à perdre sur sa vacherie, ou bien changer son mode d'exploitation.

« C'est pourquoi, en Beauce, un grand nombre d'étables se dépeuplent, réduisant d'autant la production ([1]). »

Le lait est très coûteux à produire en hiver, et c'est justement pendant cette saison froide, moins favorable à la lactation, que la consommation en est plus intense.

« C'est ainsi que M. Dupuy, professeur d'agriculture, montre, comme nous l'avons fait pour la production laitière en Beauce, que le total des dépenses annuelles pour une vache se chiffre par 153 francs : la nourriture pendant six mois de stabulation, par 230 fr. 25, tandis que pour six mois de pâturage, elle ne coûte que 67 francs ; total des dépenses, 450 francs.

« Les recettes annuelles autres que le lait sont évaluées, par lui, à 90 francs, le rendement moyen annuel d'une vache, à 3.000 litres de lait environ, dont 100 litres pour le veau, d'où il résulte que les 2.900 litres pour la vente coûtent, à produire, 360 francs ; ce qui met le prix de revient du litre à 0 fr. 124.

« Mais pendant la période de stabulation, ce prix de revient est sensiblement plus élevé. Durant les six mois, on compte 306 francs pour les frais desquels se déduisent 70 francs, moitié de la valeur du fumier et du veau, soit 236 francs.

« On évalue à 1.100 litres tout au plus la quantité de lait produit durant la période de stabulation. Dans ces conditions, le litre de lait ressort à 236 : 1.100 = 0 fr. 214, prix coûtant du litre de lait sortant du pis ; à ce chiffre il faut ajouter les frais de livraison qui ne sont pas négligeables, surtout lorsque la vente se fait au détail.

« Par ces évaluations, chiffres authentiques relevés dans des fermes peuplées de vaches normandes, on voit que, surtout en hiver, le lait est très coûteux à produire ([2]). »

([1]) *La question du lait et la cherté des vivres* (in journal *le Fermier*, 12 octobre 1911).

([2]) In journal *le Fermier*, *loc. cit.*

CHAPITRE III

LE LAIT

Production du lait. — Le lait normal. — Petit-lait. — Babeurre. — Lait
pasteurisé, lait stérilisé, lait homogénéisé. — Poudre de lait. — Lait
frigorifié. — Lait de ramassage. — Lait de dépôt. — Composition du lait
normal.

§ I. — **Production du lait.**

Après la viande, un des produits les plus précieux que nous
fournit l'espèce bovine, c'est le lait. Le lait est, en effet, une
source considérable de profits pour les fermiers qui élèvent
un nombreux bétail.

A Paris, on achète les vaches adultes, en plein rapport,
fraîches vêlées, afin de les exploiter de suite pour leur lait.
Une fois que la lactation baisse et que la nourriture consom-
mée n'est plus compensée par la vente du lait, on engraisse
l'animal pour la boucherie, après l'avoir remplacé par un
autre prêt à donner son lait.

La France possède 7.500.000 vaches laitières produisant annuellement 13 milliards de litres de lait. Si l'on attribue une
valeur de 10 centimes seulement au litre de lait, ce rendement, ce fleuve, comme le dit le professeur Vallée, représente chaque année une somme de 1 milliard 300 millions de
francs ([1]).

La France est le pays du vin. Cet axiome est connu. Et cependant le commerce du vin ne présente qu'une richesse de

([1]) VALLÉE, d'Alfort, *l'Hygiène*.

900 millions de francs, chiffre, on le voit, inférieur à celui du lait ([1]).

Nous produisons 130 millions de kilogrammes de beurre utilisant plus de 40 millions d'hectolitres de lait ; 80 millions de fromages représentant près de 20 millions d'hectolitres de lait (MONVOISIN) ([2]).

Le département de la Seine à lui seul, disent les statistiques, absorbe 1 milliard et demi de litres de lait par an, à peu près 5 millions de litres quotidiennement. Ce lait, qui va surtout aux malades — 5 millions de litres chaque année à l'Assistance publique de Paris — ce lait, disons-nous, doit être surveillé étroitement.

Tous les congrès qui se sont succédé depuis quelques années tant en France qu'à l'étranger, ont indiqué qu'il fallait procurer au consommateur un liquide pur, non fraudé. A cet effet, ils ont défini cet aliment précieux de la façon suivante : *Le lait est le produit intégral de la traite totale et ininterrompue d'une femelle laitière bien portante, bien nourrie et non surmenée. Il doit être recueilli proprement et ne pas contenir de colostrum.*

Depuis longtemps, les hygiénistes ont recherché les moyens de procurer à notre alimentation un lait pur. Déjà, en 1857, le Conseil d'hygiène et de salubrité de la Seine avait étudié la question de la fraude du lait et les moyens de l'enrayer. En 1879, le conseil municipal de Paris constitua une commission qui fut chargée de présenter un rapport sur l'alimentation par le lait. Ses travaux furent imprimés en une brochure qui, aujourd'hui encore, constitue un document des plus intéressants.

Le laboratoire municipal a, dans un ouvrage didactique, établi des données d'analyses concernant les fraudes dans les substances alimentaires.

Le livre du juge Lemercier, de date récente, doit être cité ici comme donnant une note vraie, serrée, approfondie sur les fraudes alimentaires.

[1] BORDAS, in *Presse vétérinaire*, 30 juin 1910.
[2] MONVOISIN, *le Lait, son analyse, son utilisation.*

Nous devons nommer également le *Traité théorique et pratique sur les fraudes et falsifications*, de MM. Monier, procureur de la République : Chesnay, juge d'instruction, et E. Roux, chef du service de la répression des fraudes, ainsi que l'excellent ouvrage de E. Roux sur le même sujet.

Tout près de nous, la Ligue contre la mortalité infantile a publié divers rapports magistraux sur le *bon lait*. Le professeur Adam, d'Alfort, vient d'écrire un chapitre nouveau concernant l'analyse du lait. Enfin, le professeur Monvoisin, d'Alfort, a formulé dans un livre récent l'analyse complète du lait et son utilisation.

« C'est ainsi que de louables efforts ont été accomplis dans le but d'assurer au consommateur la possession d'aliments purs et le nom de M. Ruau, l'ancien ministre de l'Agriculture, restera indissolublement lié à cette œuvre de protection de la santé publique et d'assainissement commercial. » (Prof. VALLÉE, *loc. cit.*)

Depuis l'application de la loi sur les fraudes, le lait est en effet livré au public dans de meilleures conditions et l'on ne voit plus, comme autrefois, le garçon laitier s'attarder auprès d'une fontaine pour baptiser ce produit si précieux. C'est que la répression des fraudes est devenue plus facile par suite des méthodes d'analyses des Bordas et des Gerber, employées par des chimistes compétents opérant de même manière dans des laboratoires bien outillés.

§ II. — Lait normal.

Le lait est un liquide blanc, opalin, opaque, d'une saveur douce, un peu sucrée. L'opacité est due à de nombreuses gouttelettes graisseuses nageant dans 87 0/0 d'eau.

Le lait dégage une odeur agréable lorsque les vaches ont mangé des labiées, comme le thym, le serpolet, la mélisse, ou certaines ombellifères telles que le fenouil et l'anis. Cette odeur devient désagréable et même caractéristique si l'alimentation est faite en grande partie avec des choux, de l'ail sauvage et des résidus industriels fermentés à l'excès.

Sa couleur est également modifiée par certaines plantes; elle est rouge avec les galliums, bleue avec le sarrasin, jaune avec les carottes.

Sa saveur est nauséeuse lorsque les animaux sont nourris avec des pulpes ensilées et putréfiées; elle est un peu rendue amère par l'ingestion de fleurs de châtaignier, de feuilles d'artichaut, le marron d'Inde et le lupin.

On a dit que le lait de vache tenait son goût spécial, agréable à de petites parcelles d'excrément tombées dans les vases au moment de la traite, ou encore aux odeurs d'étable absorbées par les vaches pendant leur séjour dans un air confiné.

« Schlossmann a montré qu'un lait aseptiquement récolté perdait toute odeur et n'avait plus le goût spécial qui peut lui être rendu par simple addition de quelques milligrammes de matières excrémentitielles provenant des bovidés ([1]). »

Si le lait est abandonné à lui-même, il se sépare, au bout de trente heures, en deux couches distinctes : la première, qui surnage, est la crème formée par des globules butyreux dont on extrait le beurre par le battage ; la seconde, plus blanche, insipide, opaque, sans viscosité, est le caséum. Si le lait est conservé plus longtemps, il se prend en masse : c'est la caséine qui sert à la fabrication des fromages. La partie liquide restante est le sérum ou petit-lait.

On peut former instantanément le caillé en ajoutant au lait quelques parcelles de présure. On se sert de ce produit une fois lavé, salé et séché à l'air, à la dose de 1 gramme par litre de lait.

Acidité du lait. — Les associations microbiennes qu'on rencontre dans le lait après la traite ont la propriété d'accélérer le développement des ferments lactiques. Ces microbes dispa-

([1]) Martel, *Revue de la Société scientifique d'hygiène alimentaire et de l'alimentation rationnelle de l'homme.*

raissent une fois l'acidité établie, et les ferments lactiques aussitôt libres font place à leur tour à la putréfaction et aux moisissures.

En France, on exprime l'acidité du lait en acide lactique. Le dosage de l'acidité peut renseigner sur la multiplication rapide et abondante des ferments lactiques et faire connaître si le lait analysé est fraîchement trait ou en voie d'altération.

L'acidité du lait varie de $1^{gr},4$ à $2^{gr},1$ d'acide lactique par litre. Le nombre le plus habituellement rencontré est $1^{gr},7$.

Les laits qui renferment 3 grammes d'acide lactique par litre se caillent et se prennent en masse; ils tournent (Monvoisin).

Dans une conférence faite au Trocadéro, en 1889, Duclaux a enseigné aux nourrisseurs le moyen de conserver, en été, au mois de juillet, un lait intact pendant quatre-vingt-seize heures, et cela sans l'addition de bicarbonate de soude, mais tout simplement en le recueillant proprement dans des vases nettoyés et après avoir lavé les trayons de la vache.

En temps ordinaire, le lait se coagule au bout d'une dizaine d'heures, lorsqu'il est récolté sans soin par des mains manquant de propreté.

Petit-lait. — Le petit-lait est en général donné dans l'alimentation des porcs. Depuis de nombreuses années, en Auvergne, on se sert du petit-lait pour obtenir une sorte de beurre de qualité médiocre. A cet effet, on laisse décanter ou bien on centrifuge ce liquide résiduel afin de lui retirer la partie grasse restante que l'on baratte ensuite tout comme la crème ordinaire. Le beurre ainsi fabriqué est moins onctueux, mais il est encore estimé dans la montagne où il est consommé de préférence au vrai beurre, car il coûte moins cher. On l'appelle *beurre de montagne*.

Dans le Cantal, où un fromage à pâte ferme est produit, on caille le lait presque chaud sans jamais l'écrémer ; on a ainsi un petit-lait très frais qui renferme encore une certaine quantité de matière grasse qu'on s'évertue à ne pas laisser perdre.

Le lait frais, une fois bouilli, se couvre d'une pellicule un peu jaunâtre emprisonnant des globules graisseux, pellicule ou *peau* appelée dans certaines contrées frangipane, et que bien des personnes ne veulent voir dans leur tasse, au petit déjeuner du matin.

Babeurre.— Le babeurre est le liquide résiduel du barattage de la crème pour l'extraction du beurre. Il constitue un excellent stimulant pour l'organisme, car il renferme, d'après Dornis et Daire, une forte teneur en lécithines, combinaisons organiques phosphorées facilement assimilables et surtout employées avec succès dans le traitement de certaines maladies infantiles.

On doit donc consommer le babeurre frais, afin qu'il ne perde pas par une altération rapide une partie de ces lécithines.

Autrefois, le babeurre était considéré comme n'ayant aucune valeur, et, de ce fait, jeté à l'égout. Désormais, on le devra conserver pour l'emploi médical ou tout au moins pour la nourriture des veaux et des porcs en le mélangeant au petit-lait.

Lait pasteurisé. — On se sert de cette appellation pour caractériser un lait chauffé à 82° pendant quelques minutes. Le lait qui a subi cette température peut être offert sans danger au consommateur (BUDIN). Les microorganismes pathogènes sont détruits.

Le Dr Barillé déclare que la pasteurisation détermine, au point de vue chimique, une calcification partielle du lait en même temps qu'une déminéralisation phosphatée [1].

Lait stérilisé. — Le lait est dit stérilisé quand, après l'avoir placé dans des flacons de verre, il est chauffé dans un autoclave à une température ne dépassant pas 105° ordinairement. Ainsi préparé, il peut se conserver très longtemps en ayant un goût de cuit peu agréable. La marmite de Budin a

[1] In *Journal de Pharmacie et de Chimie*, 10 novembre 1900.

permis de stériliser à domicile le lait destiné aux enfants de bien des familles.

Lait homogénéisé. — Le lait soumis à l'homogénéisation ou à la fragmentation régulière des globules ne crème plus, même après un repos prolongé de six mois. Il est fixé dans un état d'émulsion parfaite. Dans cet état, il est très digestif et peut rendre de grands services dans l'alimentation des enfants, grâce à sa plus grande division des globules gras.

Poudre de lait. — Congelé à 2° au-dessous de zéro, le lait est privé de son eau par l'essoreuse. La pâte onctueuse qui résulte de cette opération est séchée en vase clos à une température élevée.

Le Japon emploie dans sa consommation les laits condensés et les laits en poudre. Ces laits proviennent de l'Amérique, de l'Angleterre, de la Norvège et de la Suisse. Les laits en poudre n'ont pas de goût de cuit et, avec un volume d'eau convenable, ils fournissent une boisson très agréable.

Lait frigorifié. — «Il y aurait lieu de souhaiter, dit M. Colly au conseil municipal, qu'une réglementation imposât à tous les détaillants de lait l'usage des glacières, qui serviraient à la conservation de cet aliment si facilement altérable, et dont la consommation, lorsqu'il est en voie de fermentation, peut causer des accidents mortels, chez les enfants surtout.

« Il résulte de nombreuses expériences que le lait normal, prélevé à différentes saisons et provenant par conséquent de vaches nourries différemment, peut se conserver vingt-cinq jours à la température de 10° au-dessous de zéro. Il en est de même de laits mouillés ou écrémés ou mouillés et écrémés tout à la fois.

« Les résultats analytiques des laits frigorifiés sont sensiblement concordants, et les déterminations de mouillage et d'écrémage donnent lieu aux mêmes conclusions; elles sont même légèrement accentuées en ce qui concerne les laits ayant séjourné dans le frigorifère, ce qui ne peut qu'éviter tout désaccord entre les contre-experts et le laboratoire.

« La caractérisation de l'addition d'antiseptiques conserve toute sa netteté, sauf cependant pour le formol et l'eau oxygénée, qui, comme dans le lait frais, se décompose à la longue (¹). »

Laits de ramassage. — Laits de dépôts. —

Dans certains départements, les laits de petites étables, et aussi de diverses exploitations, sont recueillis, le matin, par des voituriers qui les transportent ensuite à la fromagerie ou à la beurrerie. Les petits cultivateurs, qui n'ont que peu de vaches, portent souvent eux-mêmes leur lait à ces établissements.

Les laits dits de dépôts sont des laits de mélange recueillis un peu partout et qu'on envoie dans des laiteries centrales d'où, après avoir été souvent pasteurisés, ils sont ensuite expédiés en bidons spéciaux dans les grandes villes, pour y être livrés soit à la consommation individuelle, soit à l'industrie des laits concentrés (²).

(¹) Rapport de COLLY sur le laboratoire municipal en 1903.

(²) *Beurre.* — Le beurre, d'après le Congrès de Genève, est « un mélange de matières grasses, exclusivement obtenu par barattage de la crème issue du lait ou d'un mélange de l'une et de l'autre substance et suffisamment débarrassé d'eau et de petit-lait ».

Les beurres artificiels ont des qualités reconnues qui les font apprécier dans leur emploi pour la cuisine. Le tout est de les vendre pour ce qu'ils sont.

A. La *margarine* est extraite par pression de la graisse de bœuf ou de vache. L'huile qui en résulte, l'oléo-margarine, est solidifiée, puis raffinée ; elle prend alors l'aspect du beurre dont, chimiquement, elle diffère peu.

B. La *végétaline*, graisse de coco, cocose, comme on l'appelle encore, est le produit extrait de la noix de coco, dont l'amande fraîche est fort connue de certaines personnes. Cette huile est absolument pure ; elle porte dans le commerce le nom de coprah. La végétaline retirée de l'amande se fabrique à Marseille où de grandes quantités d'amandes de coco décortiquées, brisées en petits morceaux, séchées au soleil, sont débarquées. Les tourteaux qui en résultent servent à l'alimentation des bovidés.

C. La *graisse de Karité* est fournie par un arbre à beurre de la famille des sapotacées. Cet arbre croît surtout dans l'Afrique occidentale française ; il porte un fruit gros comme une prune dont l'amande contient environ 45 0/0 d'un corps gras, appelé improprement beurre de Karité, beurre de Shéa.

On s'est servi longtemps de cette graisse et de celle de coco dans la fabrication de certains savons.

Dans les pays du nord de l'Europe, la majorité des laiteries
paient le lait d'après la richesse ; rien de semblable en France ;
le producteur qui fournit 100 litres de lait est payé le même
prix, que ces 100 litres donnent 3, 4 ou 5 kilogrammes de
beurre.

§ III. — Composition du lait normal.

Voici quelle est la composition moyenne du lait, d'après :

	DUCLAUX	GRANDEAU	CHEVALLIER	MARCHAND
Beurre	32gr,2	35gr,0	40gr,5	38gr,4
Lactose...............	49 ,8	46 ,0	55 ,0	51 ,8
Caséine et albumine ..	41 ,5	39 ,0	36 ,0	23 ,8
Cendres	7 ,5	7 ,5	6 ,0	7 ,3
Extrait sec par litre...	131 ,0	127 ,5	137 ,5	121 ,3

Soit comme *moyenne*, d'après ces autorités en la matière :

Beurre ....   40 grammes

Lactose......................   50   —

Caséine et albumine............   30   —

Cendres   7   —

Extrait sec....................   127 grammes

M. Orla Jensen donne l'analyse suivante du lait normal,
dans l'Annuaire agricole de la Suisse de 1905 :

Densité.......................   1033,5

Caséine   31,3   0/00 du lait

Albumine......................   4,4   —

Autres substances protéiques..... 1,1   —

Substances aminées............   2,3   —

Lactose   49,9   —

Matières grasses   44,5   —

Éléments inorganiques..........   6,5   —

Chaux des phosphates............	1,365	0/00 du lait
Chaux de la caséine.............	0,485	—
Magnésie......................	0,159	—
Potasse	1,691	—
Soude........................	0,596	—
Chlore.......................	1,071	—
Acide sulfurique	0,335	—
— phosphorique des phosphates.	1,378	—
— phosphorique de la caséine..	0,607	—

Arthur Schwartz étudie les caractères différents du lait de femme et du lait de vache et reconnaît que la quantité et la composition chimique du lait de femme et du lait de vache sont identiques. Si les selles des enfants nourris au biberon renferment une grande quantité instable de graisses, cela tient, d'après l'auteur, qu'il existerait autour de chaque globule graisseux une substance enveloppante de caséine qui gênerait l'émulsion et serait un obstacle à une parfaite assimilation. (La *Presse médicale*, 20 juillet 1910.)

CHAPITRE IV

FALSIFICATIONS DU LAIT

Lactodensimètre et crémomètre. — Mouillage et écrémage. — Extrait sec. — Matière grasse. — Matières étrangères ajoutées au lait. — Mouillage : doctrine et jurisprudence. — Ecrémage : doctrine et jurisprudence.

Le lait, avant d'arriver au consommateur, est souvent l'objet de fraudes, qui consistent surtout dans l'addition d'eau ou dans l'enlèvement d'une partie de la crème, deux opérations qui se pratiquent à la fois, afin de ramener la densité du lait à la normale. Le mouillage, on le sait, diminue la densité du lait, tandis que l'écrémage l'augmente.

Ne voulant pas faire ici une étude de ces questions techniques habilement traitées par des chimistes de haute valeur, dont nous donnons les noms et les travaux au cours de ce mémento, nous exposerons, simplement et surtout brièvement, les faits courants de la pratique dans les résultats des méthodes d'analyses.

Le lait, dit le professeur Adam dans un mémoire très étudié, « doit répondre à des conditions d'équilibre harmonique, de concentration moléculaire, que ne peut indiquer l'analyse chimique et que le fraudeur ne peut éviter de troubler (¹) ».

Si l'on introduit de l'eau dans ce milieu, dans cette émulsion pour mieux dire, l'équilibre en sera profondément modifié.

On doit donc rechercher, d'après ce chimiste, si la *concen-*

(¹) Prof. Adam, d'Alfort, *Examen physique et chimique du lait.*

tration moléculaire des substances en solution est bien celle que lui a donnée la mamelle.

C'est une recherche physique assez difficile et surtout compliquée qui se traduit dans les laboratoires bien outillés par : 1° la *cryoscopie* ou la détermination du point de congélation d'une solution ; 2° la *viscosimétrie*, dont le coefficient diminue par le mouillage, comme par l'écrémage : la viscosité est mesurée par l'appareil de Micaut, son coefficient par rapport à l'eau varie de 1,60 à 2,15 ; 3° la *réfractométrie*, qui demande la préparation d'un sérum spécial : l'indice de réfraction du sérum acétique du lait normal de vache est, d'après Monvoisin, compris entre 1,3430 et 1,3445 à la température de 15°, celui de chèvre est de 1,3433 à 1,3457, celui de brebis 1,3460 ; 4° la *mesure de la résistance électrique*, qui se tient entre 175 ohms et 232,5 à 18° ; 5° la *tension superficielle :* « Cette tension a été mesurée au moyen de l'ascension dans des tubes capillaires ou par la numération des gouttes fournies par 5 centimètres cubes de liquide avec le compte-gouttes normal (fournissant, à 15°, 100 gouttes pour 5 centimètres cubes d'eau distillée). La tension de l'eau étant de 7,300 à 20°, le lait a donné, à la même température, des chiffres variant de 5,060 à 5,736, Kobler. » (MONVOISIN, *loc. cit.*).

Méthodes chimiques. — Ces méthodes étudient, d'une part l'eau ajoutée au lait, d'autre part les proportions normales ou anormales des constituants du lait.

Le lait est cru ou cuit. Les méthodes de Dupouy et de Schardinger suffisent ordinairement à solutionner le problème. « Dupouy ajoute à 5 centimètres cubes de lait 2 gouttes d'eau oxygénée et 5 centimètres cubes d'une solution aqueuse au centième de gaïacol cristallisé. Si la réaction est positive, on observe une coloration grenat ou saumon. » (MONVOISIN.) Le lait cuit ne donne pas cette coloration du gaïacol en présence de l'eau oxygénée [1].

(1) L'arrêté du 9 mars 1907 indique qu'une goutte d'eau oxygénée augmentée d'une goutte de paraphénylènediamine à 3 0/0 donne une coloration bleu foncé avec le lait cru.

§ I. — **Lacto-densimètre et crémomètre.**

La *densité* s'obtient avec des instruments perfectionnés (*fig.* 22). Pour la mesurer, on se sert du lacto-densimètre gradué et contrôlé. On le place dans une éprouvette assez large, en ayant soin que le lait introduit préalablement ne mousse plus à sa surface. Les graduations sont inscrites à la température de 15°. Si l'on ne peut opérer à cette température, il faut corriger avec $0^{gr},0002$ par degré, en plus lorsqu'on est au-dessus de 15° et en moins pour les températures inférieures.

DEGRÉS DE L'INSTRUMENT	LAIT NON ÉCRÉMÉ				LAIT CRÉMÉ			
	TEMPÉRATURE				TEMPÉRATURE			
	5°	10°	20°	25°	5°	10°	20°	25°
15	— 0,9	— 0,6	+ 0,8	+ 1,8				
20	1,1	0,7	0,9	1,9	— 0,7	— 0,5	+ 0,8	+ 1,7
22	1,2	0,7	1,0	2,1	0,7	0,5	0,8	1,7
24	1,2	0,7	1,0	2,1	0,9	0,6	0,8	1,7
26	1,3	0,8	1,1	2,2	1,0	0,7	0,8	1,8
28	1,4	0,9	1,2	2,4	1,0	0,7	0,9	1,9
30	1,6	1,0	1,2	2,5	1,1	0,7	0,9	1,9
32	1,7	1,0	1,3	2,7	1,1	0,7	1,0	2,1
34	1,9	1,1	1,3	2,8	1,2	0,8	1,0	2,2

Le lacto-densimètre porte deux échelles, l'une jaune se rapportant au lait non écrémé, l'autre bleue au lait écrémé. Il suffit de faire la lecture de la densité sur l'une ou l'autre étiquette.

La densité de l'eau est de 1.000, la densité moyenne du lait est de 1.032, celle du lait écrémé 1.033. Un litre d'eau pèse 1.000 gr., un litre de lait pèse 1.032 grammes, écrémé 1.033 grammes.

FIG. 22. — Lacto-densimètre de Quevenne.

On considère comme suspect tout lait entier qui a une densité inférieure à 1.000 ou supérieure à 1.034.

La crème est déterminée en quantité par la centrifugation.

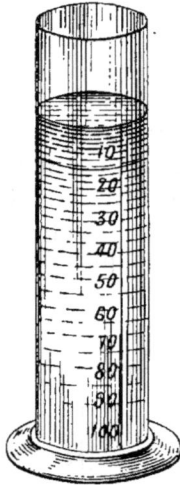

On peut se servir aussi du crémomètre, qui est un simple récipient semblable à une éprouvette. Il est gradué en centièmes de haut en bas, de façon que le lait placé en repos dans un endroit frais puisse montrer, en vingt-quatre heures, le nombre de divisions occupées par la couche de crème. Cette crème représente ordinairement les 10,14 centièmes du lait total (*fig.* 23).

FIG. 23.
Crémomètre.

§ II. — **Mouillage et écrémage.**

La recherche du mouillage et de l'écrémage est une question assez facile, mais qui demande un certain doigté. Le lait ne contient pas de nitrates ni d'ammoniaques. Les eaux ordinaires en renferment, au contraire. Il s'agit donc de rechercher ces corps par divers procédés bien étudiés.

Le laboratoire municipal admet que l'extrait d'un lait doit renfermer au moins 23 0/0 de matière grasse ; s'il y en a moins de 21 0/0, l'écrémage est certain, méthode, on le voit, basée sur l'hypothèse des moyennes constantes.

Le procédé d'analyse du Dr G. Quesneville « est basé sur les relations qui doivent exister entre divers constituants du lait, soit qu'on les compare entre eux, soit qu'on cherche les rapports entre leurs poids et les densités des liquides qui les ont fournis » (ADAM, *loc. cit.*).

On peut donc, d'après une série d'analyses pratiquées sur des laits d'une région connue, distinguer l'écrémage et le mouillage en déterminant la densité du lait, celle du lacto-sérum et le volume de la crème.

§ III. — **Extrait sec.**

Pour Adam, dont l'autorité en cette matière est incontestable, c'est en poids et non en volume qu'il faut évaluer les parties, si l'on ne veut s'exposer à des conséquences bizarres.

A Paris, au laboratoire municipal, la moyenne des laits analysés donne les chiffres suivants :

Eau..........................	86,70
Extrait sec...................	13,30
	100

On entend par extrait sec :

Matières albuminoïdes..........	3,60
Matière grasse	4
Lactose......................	5
Sels.........................	0,70
	13,30

Le conseil d'hygiène et de salubrité établit des chiffres peu différents :

Eau 87 avec limite de................		88,5
Extrait 13 —	....	11,50

Tout le monde est d'accord pour admettre que l'extrait sec, c'est-à-dire la quantité de toutes les substances fixes, et, aussi, la proportion de matière grasse, sont les éléments les plus indispensables à connaître afin de déterminer les constituants d'un lait. C'est pourquoi le chimiste a porté tous ses efforts vers ces deux points et proposé diverses méthodes qu'il serait trop long d'étudier ici.

« Tous les analystes, aussi bien en France qu'à l'étranger, dit M. Roux, sont d'accord pour reconnaître que la somme des éléments constitutifs de l'extrait dégraissé représente 90 à 95 grammes par litre. Il suffit, pour la déterminer, de peser l'extrait obtenu par dessiccation à 100° d'un certain volume de lait et d'en défalquer la quantité de beurre correspondante, mesurée d'autre part par un essai spécial.

« Mais, si cette règle qu'un lait ne contient jamais moins de 90 grammes par litre d'extrait dégraissé ne souffrait aucune exception, les directeurs de laboratoires agréés pourraient affirmer le mouillage d'un lait et calculer exactement son importance, sans crainte d'être contredits.

« Il existe des cas, dit E. Roux, chef de la répression des fraudes, où, par suite d'un mauvais état de santé et d'une alimentation défectueuse, les vaches produisent une quantité excessive de lait, mais de lait pauvre, ayant, par conséquent, les caractères d'un lait mouillé. Cette polylactie est parfois provoquée par certains nourrisseurs. Quoi qu'il en soit, il s'agit là d'exceptions dont il faut tenir compte s'il s'agit du lait provenant d'une vache unique ou de deux, mais qui perdent toute leur importance s'il s'agit d'un lait moyen d'une étable, et dont il n'y a plus du tout à tenir compte s'il s'agit d'un lait de ramassage, tel que celui vendu généralement dans les villes (¹). »

M. Roux conseille aux experts de rechercher l'origine du lait, faire une enquête et demander même des échantillons de comparaison. Il termine en disant que le chiffre de 90 grammes d'extrait sec dégraissé est un minimum qu'on peut admettre avec une oscillation d'un dixième au-dessous.

Nous savons que le lait est une émulsion. Que font alors les fraudeurs ? Ils font une solution, croyant pouvoir, en modifiant une des parties, conserver les qualités de l'ensemble. Cette eau qu'ils ajoutent rompt l'équilibre ; elle dissout les cristalloïdes, mais ne touche nullement aux matières grasses.

« Au cours d'une même traite, on voit bien varier de plus de 10 0/0 la quantité totale de matière sèche contenue dans le lait ; et l'addition de 10 0/0 d'eau paraît, au premier abord, ne devoir produire qu'un effet négligeable.

« Ce raisonnement est faux.

(¹) E. Roux, lettre du 29 mars 1910 à M. le procureur général à Bourges (affaire Truffaut).

« Un kilogramme de lait contient, en moyenne, 870 grammes d'eau tenant en dissolution 57 grammes de substances ; le reste est tout à fait insoluble, comme la matière grasse, ou dans un état physique spécial, comme les albuminoïdes. Ajoutez 100 grammes d'eau ; un calcul simple montre que la concentration moléculaire des substances dissoutes s'est abaissée de 13,33 0/0 ; jamais un lait ne présentera de pareils écarts. Les mesures n'ont pu relever des différences de 1 0/0 entre les laits les plus dissemblables[1]. »

§ IV. — Matière grasse.

Les laits ne sont jamais semblables entre eux. C'est ainsi qu'au sujet de la matière grasse, les laboratoires établissent des moyennes variant de 3,81 à 4,31 pour 100 centimètres cubes de lait.

Le Conseil d'hygiène et de salubrité de la Seine indique pour la matière grasse une moyenne de 4 avec limite de 2,7, moyenne prise sur les laits de dépôt. Pour M. Lézé, elle varie de 4 à 6,25. Le Dr König donne :

Minimum...................	1,67 0/0
Maximum...................	6,47 —
Moyenne...................	3,74 —

Ces variations observées tiennent surtout à la race, l'individualité, le moment de la traite, l'époque de la lactation, la gestation, l'alimentation, la saison, le climat, toutes questions étudiées plus loin.

« *Lait*. — Les deux falsifications les plus fréquentes sont le mouillage et l'écrémage, généralement simultanés.

« L'écrémage, quand il n'est pas excessif, est souvent difficile à caractériser, en vertu de ce que la teneur du lait en matière grasse est sujette à des variations subites et considérables.

[1] ADAM, Conférence sur le lait à la Société des vétérinaires du Nord, 1907.

« Certaines sociétés d'approvisionnement de grandes villes avaient émis la prétention d'être autorisées à ramener, par écrémage, le lait qu'elles livrent à une teneur constante en beurre ; d'après elles, leur bénéfice d'exploitation ne peut consister que dans la vente du beurre prélevé sur l'ensemble du lait. Le service de la répression des fraudes a réussi à faire prévaloir devant les tribunaux cette idée que tout écrémage, si léger soit-il, constitue une fraude et que les négociants doivent livrer le lait tel que les vaches le produisent ; d'autant mieux que lesdits négociants imposent aux fermiers, dont ils ramassent le lait, cette même obligation de livrer le lait absolument intact.

« Quant au mouillage, l'analyse en permet assez exactement la constatation. Il est fort heureux qu'il en soit ainsi, car nulle falsification, sous son apparence anodine, ne présente plus de dangers pour la santé publique. L'eau est, on le sait, le principal agent de la transmission des germes contagieux, et il est inutile de signaler que le mouillage du lait n'est pas pratiqué avec de l'eau stérilisée.

« D'ailleurs, le lait lui-même est actuellement considéré comme un aliment dangereux pour les enfants, les vieillards et les malades, lorsqu'il provient de vaches tuberculeuses, car le fait de la transmission à l'homme du redoutable bacille ne paraît plus contesté. Aussi le service de la répression des fraudes poursuit-il l'étude des dispositions qui pourraient être introduites dans le règlement à intervenir, pour l'application aux produits de la laiterie des dispositions de la loi du 1er août 1905, dans le but de faire une distinction entre *le lait de vaches saines et celui de vaches tuberculeuses.*

« L'acheteur saurait ainsi à quels risques il s'expose en faisant consommer le second à des enfants ou à des personnes débiles, sans l'avoir préalablement fait bouillir. D'autre part, en raison de ses précieuses propriétés physiologiques, le lait provenant de vaches saines ne manquerait pas d'avoir sa préférence et, comme il serait vendu plus cher, le fermier trouverait ainsi un intérêt qu'il n'a pas aujourd'hui à sélectionner ses vaches laitières.

« Tout vendeur d'un lait provenant de vaches tuberculeuses, sous le nom de lait de la première catégorie (auquel
un qualificatif spécial serait appliqué : « Lait contrôlé »),
commettrait, dès lors, le délit de mise en vente d'une
substance toxique, prévu dans la loi du 1er août 1905.

« Envisagé sous cet aspect, le problème de la réglementation du commerce du lait, en vue de la lutte contre la propa-
gation de la tuberculose, nous paraît présenter le plus grand
intérêt[1]. »

§ V. — Matières étrangères ajoutées au lait.

L'eau oxygénée, le formol, l'acide salicylique, le bicarbonate de soude, la gomme, la dextrine, la glucose, les matières
grasses étrangères, les fécules, les colorants les plus divers,
tels que rocou, curcuma, safran, fleurs de souci, carotte,
hélianthine, bichromate de potassium, le caramel, les borates
et les fluoborates sont des produits que l'analyse peut facilement déceler lorsqu'ils ont été ajoutés au lait. Il en est de
même des autres substances dont l'énumération n'est pas
utile ici.

En résumé, il est possible, dit le professeur Adam, de reconnaître si un lait a été mouillé ou écrémé ou additionné de
substances étrangères. Cette recherche, il l'avoue, est pénible
et longue et demande l'emploi de plusieurs méthodes plus ou
moins compliquées. Ce qui fait dire à Duclaux : « qu'aucun
moyen ne permet d'atteindre sûrement la fraude et qu'il faut,
dès lors, soit la punir à l'aveuglette, soit la laisser s'étaler en
liberté[2]. »

Une falsification nouvelle du lait (*Annales des falsifications*, n° 27, janvier 1911). — « Il y a des falsifications décrites
dans nos savants auteurs et qui n'ont jamais existé en réalité

[1] Extrait du rapport de NOULLENS, déjà cité.
[2] DUCLAUX, *le Lait*. 1887, p. 189.

que dans l'imagination de ceux-ci. Je citerai en premier lieu l'addition de cervelle de veau au lait pour remplacer la crème, puis l'addition de craie et d'empois d'amidon pour augmenter... la densité !

« Laissons dormir ces histoires et étudions les procédés de falsification usuels, qui sont les plus simples, et qui sont au nombre de deux : le mouillage et l'écrémage. Mais on vient de découvrir en Belgique un nouveau mode de falsification qui consiste à remplacer une partie du beurre de lait par de la graisse de coco (cocose, cocoline). Pour opérer cette incorporation, il faut un outillage spécial, outillage décrit déjà dans les traités d'alimentation du bétail ; il consiste en une machine qui pulvérise sous pression, en gouttelettes microscopiques, le lait écrémé mélangé d'une matière grasse tenue au-dessus de son point de fusion : c'est l'opération de l'homogénéisation.

« Une administration charitable d'une grosse ville de Belgique avait mis la fourniture du lait pour les nourrissons en adjudication et exigeait les minima de composition suivants :

Extrait sec....................	12,00 0/0 dont
Beurre	3,20 —
Lactose......................	3,50 —
Matières azotées..............	3,40 —
Matières minérales	0,75 —

« Une importante laiterie avait obtenu l'adjudication et fournissait régulièrement un lait ayant cette composition. Le lait était bon, il avait la consistance, l'épaisseur voulue, quand le chimiste chargé du contrôle fut surpris, lors de l'examen d'une nouvelle fourniture, par la discordance des chiffres de l'analyse ; ce praticien, M. Ledent, de Liège, se fit délivrer un échantillon prélevé en triple avec toutes les garanties données par la loi belge, et observa, lors de l'examen de cet échantillon nouveau, les mêmes discordances de composition, moins accentuées cependant que dans le précédent échantillon.

	1er échantillon	2e échantillon
Extrait sec.,.,..............	98,78	10,72
Matière grasse	3,70	3,40
Lactose.,.................	3,50	3,80
Matières azotées..........,...	1,08	2,88
Matières minérales.........	0,50	0,62

« Si nous examinons les premiers résultats, nous constatons que pour une richesse en beurre de 3,70 0/0, l'extrait sec et les matières minérales sont absolument trop faibles. Jamais des laits purs n'ont présenté 'pareille composition : quand la quantité de beurre est égale à 3,70, l'extrait est de 11,50 au moins, les matières minérales de 0,65, les matières azotées (caséine) de 3,50.

« La composition n° 2 révèle les mêmes bizarreries, mais moins accentuées; ce lait peut, à la rigueur, passer pour un lait pauvre, mais non additionné d'eau, et ce, à cause de sa richesse relative en beurre.

« L'expert, M. Ledent, ayant été frappé de l'anormalité de la composition du numéro 1, se mit à étudier la composition de sa matière grasse; là était le nœud de l'affaire.

« Extraite par l'éther et soumise ensuite aux procédés d'analyse du beurre, cette matière grasse donnait :

Un indice d'acides volatils solubles de....	23,98
— de réfraction à 40°..........,.....	41,5
— Crismer.....................	46
— acétique (formule Hoton,......	36

« La distillation des acides volatils solubles avait entraîné beaucoup d'acides volatils insolubles (caractéristique du coco).

« Les chiffres donnés par la matière grasse du deuxième échantillon étaient sensiblement les mêmes que ceux du premier échantillon.

« Discutons-les : l'indice d'acides volatils de 23 ou 24 est toujours accompagné, dans les beurres purs, d'un indice de réfraction d'au moins 43; l'addition de coco au beurre a pour effet de diminuer les indices de réfraction et les acides volatils

si les acides volatils ont un titre si faible, les indices Cris-
mer et acétique seront aussi, si le beurre est pur, supérieurs
à 46 et 36, ils seront de 55 à 60.

« Telle qu'elle se présentait, la composition de la matière
grasse de ce lait révélait l'addition de 50 0/0 de graisse de
coco.

« Le marchand de lait avait d'abord écrémé son lait à
moitié, ou mieux avait mélangé par moitié du lait pur avec du
lait écrémé dont la matière grasse avait été remplacée par la
graisse de coco.

« Il fut mis en prévention du chef de falsification du
lait. Lors de l'instruction de cette affaire, il produisit une
série de bulletins d'analyse des laits produits par sa laiterie,
j'allais écrire... son usine. Tous ces bulletins déclaraient le
lait pur, de composition normale ; mais il faut dire à la décharge du contre-expert, un honorable chimiste belge, que
son client n'avait eu garde d'attirer son attention sur la composition de la matière grasse, il lui remettait les laits en de-
mandant simplement : ce lait est-il pur ? Et le chimiste, après
avoir déterminé les trois éléments, extrait, beurre, cendres,
lui remettait son bulletin qui disait invariablement : « lait
pur, normal. »

« Pareille déclaration eût été faite par la grande majorité
des chimistes se trouvant dans un cas semblable, ce qui don-
nerait aux grands journaux l'occasion de proclamer une fois
de plus la faillite de la science !

« En présence des contradictions, non pas des chiffres des
experts mais de leurs conclusions, une troisième expertise de
l'échantillon laissé au greffe fut ordonnée, et le juge requé-
rant eut soin de faire déterminer la nature de la matière
grasse du lait ; l'expertise vint confirmer les conclusions de
M. Ledent, le premier expert, et déclarer que le lait était
additionné de cocoline.

« Le falsificateur « fournisseur de lait pur de crèches, spécial pour les bébés » (c'est ainsi qu'il s'intitulait), fut condamné à 2.000 francs d'amende, à l'affichage du jugement et
à son insertion dans les journaux. Il est en appel. Peut-être

trouvera-t-il dans la procédure une échappatoire quelconque qui le fera acquitter ; il trouvera certainement des chimistes contre-experts professionnels qui viendront déclarer que la composition du beurre extrait de son lait est normale (¹). »

§ VI. — Le mouillage.

DOCTRINE

Le législateur n'a pas donné de définition de la falsification. Il a laissé aux tribunaux le soin de décider suivant les espèces.

Le *mouillage après la traite* du lait destiné au commerce constitue toujours une falsification. La jurisprudence est constante, et il nous paraît inutile de citer des exemples, aucune difficulté ne pouvant être soulevée à ce sujet.

Le *mouillage avant la traite* constitue une tromperie ou une tentative de tromperie. La chose peut paraître exorbitante, mais c'est cependant le dernier état de la jurisprudence.

JURISPRUDENCE

Tribunal correctionnel d'Avignon.

Audience du 16 mars 1910

FALSIFICATION. — DENRÉE ALIMENTAIRE. — LAIT. — ÉLÉMENTS NOUR-
RICIERS RÉDUITS DANS UNE PROPORTION CONSIDÉRABLE. — VACHES
NOURRIES AVEC DES ALIMENTS TRÈS DILUÉS. — LOI DU 1ᵉʳ AOUT 1905.
— DÉLIT.

Constitue le délit prévu et réprimé par la loi du 1ᵉʳ août 1905, le fait volontaire de nourrir des vaches avec des aliments spéciaux dilués dans une grande quantité d'eau, en vue de dimi-

(¹) *L'Œuvre médico-thérapeutique.*

nuer dans une proportion considérable les éléments nourriciers du lait. En pareil cas, en effet, l'acheteur de ce produit alimentaire, appauvri, est trompé sur ses qualités substantielles, sa teneur ou sa composition en principes utiles.

Cette solution résulte du jugement suivant, rendu après plaidoirie de Me Carcassonne, avocat :

Le Tribunal :

Attendu que le lait de Gorlier, prélevé le 23 décembre 1909, suivant procès-verbal du commissaire de police Nicolas, a été reconnu mouillé, tant par le laboratoire d'État de Marseille que par l'expert Gouirand, dans la proportion de 8 à 7,6 0/0 ;

Attendu que ces constatations ayant été portées à la connaissance de l'intéressé, celui-ci a soutenu qu'il n'avait jamais additionné d'eau le lait qu'il mettait en vente et que, si la composition de celui-ci avait été trouvée anormale, cela ne pouvait provenir que du régime alimentaire auquel ses vaches étaient soumises, à l'époque du prélèvement ;

Attendu que, désireux d'éclairer sa propre religion sur le point de savoir s'il est possible de « mouiller le lait avant sa sortie du pis » (phénomène que paraissent ne point admettre certains vétérinaires et non des moindres, comme, par exemple, le professeur Porcher, de Lyon), l'expert a procédé à une expérience qui a duré huit jours et au cours de laquelle deux des vaches de Gorlier ont été soumises exclusivement au régime des « drêches » avec grand excès d'eau ;

Attendu que les résultats de ladite expérience ont été concluants, puisque, pour la bête no 1, la constante de Duclaux a été ramenée de 8,81 à 8,32, et pour la bête no 2 de 9,48 à 8,95 ;

Attendu qu'au vu de ces constatations, le ministère public se contente de poursuivre Gorlier, non pour falsification par voie d'addition d'eau après la traite, mais seulement en vertu de l'article 1er, § 1, de la loi du 1er août 1905 ; que, par conséquent, la seule difficulté que le tribunal ait à trancher est celle de savoir si le fait volontaire de nourrir des vaches avec les aliments spéciaux dilués dans une grande quantité d'eau est un procédé licite, honnête, échappant, en tout cas, aux sanctions de la loi pénale ;

Attendu que si l'on applique à Gorlier, d'une part, les résultats de l'analyse du chimiste Gouirand, et si, d'autre part, on rapproche du constat de l'homme de l'art les termes à la fois si précis et si clairs du texte visé par la citation, le problème posé ne saurait être, semble-t-il, résolu que dans le sens de la négative ; qu'en effet, si le lait, au bout de huit jours seulement de régime aqueux, a vu des éléments nourriciers baisser dans la proportion considérable de 4gr,90 à 5gr,30 par litre, n'est-ce pas le cas ou jamais, — à moins que les mots de la langue française aient perdu toute signification — de dire et déclarer que l'acheteur d'un produit alimentaire, à ce point appauvri, est trompé sur ses qualités substantielles, sa teneur ou sa composition en principes utiles ?

Attendu, en ce qui concerne l'*animus fraudis*, que Gorlier était si peu inconscient des conséquences immédiates de l'emploi intensif de la pulpe de betterave, que c'est lui-même, *proprio motu*, qui indique à l'expert, tout d'abord incrédule, que si le lait du 23 décembre a été trouvé mouillé, c'est la faute au traitement que subissaient les bêtes, à l'époque du prélèvement ;

Qu'au surplus l'inculpé est un vétéran de l'industrie laitière, et que si, bien que né au pays de Virgile, il ignore, très probablement, ces vers des *Géorgiques* :

> *Ipse manu salsasque ferat præsibus herbas.*
> *Hinc et amant fluvios magis et magis ubera tendunt*

il n'en tombe pas moins sous le sens qu'aucune des finesses du métier qu'il pratique depuis tantôt vingt-cinq ans ne lui est étrangère et, qu'à n'en pas douter, son expérience personnelle, fortifiée de la tradition, lui tient largement lieu de connaissances théoriques ;

Par ces motifs :

Dit et déclare Gorlier atteint et convaincu d'avoir, en décembre 1909, à Avignon, trompé ou tenté de tromper le contractant sur les qualités substantielles, la composition et la teneur en principes utiles de la marchandise vendue ou mise en vente ; et lui faisant application de l'article 1er, paragraphe 1er, de la loi du 1er août 1905 ;

Le condamne en 100 francs d'amende et en tous les dépens.

Constitue également une tromperie le fait de vendre un produit n'ayant pas les qualités marchandes. Vendre comme « lait » du lait aigri, prêt à se cailler ou même caillé, en se basant sur ce qu'il *provient exclusivement de la traite complète et ininterrompue d'une vache laitière bien portante et bien nourrie*, c'est tromper l'acheteur sur la nature du produit (1).

(1) Voir les altérations du lait.

§ VII. — L'écrémage.

DOCTRINE

L'écrémage constitue toujours une falsification.

Cependant le délit de falsification ne peut être relevé qu'autant que les produits étaient destinés à être vendus comme denrées alimentaires, boissons ou substances médicamenteuses.

L'article 3 cesse d'être applicable s'il est établi qu'ils avaient été préparés en vue de tout autre usage industriel ou commercial ([1]).

JURISPRUDENCE

Attendu que Marro reconnaît avoir enlevé la moitié de la crème de lait qu'il a mis en vente, le 21 août dernier ; que, poursuivi pour le délit de falsification prévu et puni par la loi du 1er août 1905, le tribunal de Nice n'a retenu à l'encontre du prévenu qu'une simple contravention à l'arrêté du préfet des Alpes-Maritimes du 18 mars 1907, qui impose aux laitiers l'obligation d'une inscription spéciale sur les bidons contenant le lait écrémé ; qu'en décidant ainsi, les premiers juges ont statué sur un fait dont ils n'étaient pas saisis, bien que la citation mentionne que le lait partiellement écrémé était renfermé dans un bidon ne portant aucune indication ; que, sans doute, Marro a commis une contravention à l'arrêté préfectoral, puisque ses bidons ne portaient pas l'inscription prescrite : « Lait écrémé », mais qu'il y a lieu de remarquer que cette contravention, distincte de l'écrémage, seul fait pour lequel le prévenu a été poursuivi, n'a pas été relevée comme contravention connexe au délit de falsification de lait, puisque ni l'arrêté préfectoral du 18 mars 1907, ni l'article 471, paragraphe 15, du code pénal n'ont été mentionnés dans la citation ([2]) ;

Attendu qu'il est de jurisprudence que la soustraction de la crème constitue, à elle seule, une falsification de lait, surtout lorsque l'écrémage, comme dans l'espèce, a été fait jusqu'à concurrence de moitié ; qu'en vain, Marro soutient qu'on ne saurait voir le délit de falsifications de denrées alimentaires dans le fait de vendre du lait écrémé, car le prix auquel il vendait son lait ne pouvait laisser

([1]) Cass., 1857 : Dalloz, 1857, 1re partie, p. 312.
([2]) 30 décembre 1908, C. Aix, ch. correctionnelle (Deleuil, président ; Binos, avocat général ; Cabassol, avocat) : Dalloz, 1909, 2e partie, p. 203.

aucun doute sur la qualité de la marchandise dans l'esprit des acheteurs auxquels elle devait être livrée ; qu'en effet rien ne prouve que le lait, duquel ont été prélevés les échantillons soumis à l'analyse, devait être vendu ce jour-là par Marro, aux clients qui le lui achètent à raison de 0 fr. 30 le litre ; qu'au contraire l'absence de toute inscription spéciale sur les bidons, contrairement à l'arrêté que M. le préfet des Alpes-Maritimes a cru devoir prendre pour mettre fin à la fraude qui se fait depuis longtemps à Nice, sur le lait, démontre que Marro avait l'intention de tromper sa clientèle, en lui vendant comme lait non écrémé le lait contenu dans les bidons non revêtus de l'inscription ; qu'étant donné sa profession de laitier, il ne pouvait ignorer l'arrêté préfectoral ; que la mavaise foi est donc certaine ; qu'il existe toutefois dans la cause des circonstances atténuantes ;

Par ces motifs :

Réformant la décision du tribunal correctionnel de Nice, déclare Marro atteint et convaincu d'avoir, à Nice, le 21 août 1908, exposé et mis en vente du lait écrémé, c'est-à-dire une denrée alimentaire falsifiée, fait prévu et résumé par les articles 1 et 3 de la loi du 1er août 1905, en réparation le condamne à 50 francs d'amende ; dit que le fait d'avoir vendu du lait écrémé dans des bidons non revêtus de l'inscription réglementaire n'a pas été relevé à son encontre comme contravention connexe au délit de falsification, l'acquitte de ce chef et le condamne aux dépens.

Arrêté du préfet des Alpes-Maritimes du 6 octobre 1909, réglementant le transport et la vente du lait dans ce département (1).

Nous, préfet des Alpes-Maritimes, officier de la Légion d'honneur,
Vu les articles 91, 94, 97 et 99 de la loi du 5 avril 1884 ;
Vu la loi du 15 février 1902, sur la protection de la santé publique ;
Vu la loi du 1er août 1905 ;
Vu l'avis du Conseil départemental d'hygiène du 1er octobre 1909 ;
Considérant que le lait infecté ou souillé est dangereux pour la santé publique et qu'il est d'autant plus nécessaire de veiller à la pureté de cet aliment, que les régions du littoral sont fréquentées par un grand nombre d'étrangers qui y recherchent les meilleures conditions d'hygiène ;
Considérant qu'il appartient à l'autorité préfectorale de prescrire certaines mesures destinées d'une part à protéger la santé des consommateurs, à éviter la transmission des maladies des hommes et

(1) Cet arrêté est donné à titre d'exemple. De nombreux arrêtés ont été pris dans le même sens par les préfets de plusieurs départements et par les maires de grandes villes.

des animaux et d'autre part à empêcher les fraudes en matières de denrées alimentaires,

Arrêtons :

ARTICLE PREMIER. — Le liquide mis en vente sous le nom de *lait* doit être le produit intégral de la traite totale et ininterrompue d'une femelle laitière bien portante, bien nourrie et non surmenée. Il doit être recueilli proprement et ne pas contenir de colostrum.

La dénomination de *lait* tout court ne s'applique qu'au lait de vache.

ART. 2. — Il est interdit d'ajouter ou de retrancher au lait quelque substance que ce soit.

ART. 3. — Le lait écrémé sera mis en vente dans des bidons spéciaux portant en lettres de couleur foncée sur fond clair la mention *lait écrémé*.

Les lettres de l'inscription auront une hauteur égale au dixième de la hauteur du récipient et une largeur proportionnée. Toutefois seront tolérées les lettres ayant une hauteur minima de un centimètre 5 pour les bidons de 10 litres et au-dessous et les lettres de deux centimètres pour les bidons au-dessus de 10 litres.

La mention *lait écrémé* pourra être remplacée par une bande de couleur bleue entourant complètement le goulot des vases ou bidons.

ART. 4. — Le *lait écrémé* devra contenir encore 10 0/0 d'extrait sec, et 2 grammes, 5 0/0 de matière grasse.

ART. 5. — Il est interdit d'exposer et de mettre en vente du lait colostral moins de huit jours après le part, le lait altéré par des microgènes ou des produits infectieux (lait acide, visqueux, putride, amer, bleu, rouge, etc.), soit à raison d'un état anormal ou d'une alimentation défectueuse du bétail, soit par suite d'une tenue défectueuse de l'étable, de la laiterie ou des ustensiles de transport, soit pour toute autre cause, telles que manipulations effectuées par des personnes malades atteintes de furoncles ou portant des plaies, notamment aux mains. Il est également interdit de mettre en vente ou de livrer à l'alimentation le lait provenant des étables des abattoirs ou des vaches exposées sur les marchés.

ART. 6. — Lorsqu'un lait contiendra des bactéries pathogènes ou plus de 20.000 bactéries par centimètre cube, une enquête sera faite sur l'établissement qui l'a vendu, sur la vacherie qui l'a produit ainsi que sur tous les intermédiaires qui ont pu le manipuler. Est chargée de cette enquête une commission composée du vétérinaire de la Commission sanitaire de la circonscription intéressée ; du vétérinaire départemental de la Médecine publique et de l'Assistance gratuite ; de l'inspecteur départemental.

Cette commission déterminera les conditions à remplir pour faire disparaître les causes de souillure constatée.

Des procès-verbaux pourront être dressés contre les producteurs qui n'exécuteraient pas les mesures prescrites par l'administration ou contre les intermédiaires auteurs de la souillure.

ART. 7. — Les laits *cuits, pasteurisés, stérilisés* doivent être désignés comme tels dans le commerce.

ART. 8. — Les vases destinés à contenir le lait doivent être emboutis et sans angles. Ils seront étamés à l'étain fin.

Il est interdit pour leur bouchage d'employer du linge ou autres objets à l'exception du papier sulfurisé neuf qui ne devra servir qu'une seule fois. Le bouchage avec du caoutchouc contenant du plomb est aussi interdit.

Les vases et leurs couvercles seront employés exclusivement à la manipulation et au transport du lait. Les mesures du lait sont soumises aux mêmes prescriptions : elles seront pourvues d'une anse.

ART. 9. — Les vases destinés au transport du lait seront hermétiquement clos par des couvercles métalliques fermant à pression ou à glissement avec rebord dépassant le bord des vases.

Les bidons à bec munis d'un bouchon peuvent être employés pour la vente au détail à raison de deux pour chaque personne préposée à la distribution du lait.

Par mesure transitoire, les vases ou bidons actuellement en usage et non conformes aux dispositions ci-dessus seront tolérés pendant une période de trois mois à partir de l'application du présent arrêté.

ART. 10. — Ces vases porteront inscrits en lettres apparentes la provenance du lait qu'ils contiennent, c'est-à-dire le nom et l'adresse du producteur qui l'aura fourni.

ART. 11. — Ces vases seront tenus dans la plus parfaite propreté. Après chaque distribution, ils seront soigneusement vidés et égouttés, puis lavés à l'intérieur et à l'extérieur à l'eau bouillante.

ART. 12. — Les voitures qui transportent le lait doivent être tenues avec la plus grande propreté.

Il est interdit formellement de transporter avec le lait ou les vases vides aucune marchandise capable de souiller le chargement telle que : aliment pour les bestiaux, fumier, engrais, poissons ; dépouilles d'animaux, chiffons, vêtements ou chaussures usagés, linge sale, vieux papiers, denrées malodorantes, etc.

Cette liste n'est pas limitative.

Le chargement des bidons sera recouvert d'une bâche ou d'une toile.

ART. 13. — Notre arrêté du 18 mars 1907 est et demeure rapporté.

ART. 14. — MM. les sous-préfets, maires, commandants de gendarmerie, commissaires de police sont chargés de l'application du présent arrêté qui sera inséré au *Recueil des Actes administratifs de la préfecture*, publié et affiché dans toutes les communes du département.

Nice, le 6 octobre 1909.

Le Préfet des Alpes-Maritimes,
André DE JOLY.

CHAPITRE V

ALTÉRATIONS ET VARIATIONS DE COMPOSITION DU LAIT

Infections habituelles du lait. — Laits pathologiques. — Laits médicamenteux. — Influence de la race dans la production de la matière grasse du lait. — Influence de l'alimentation sur la production et la qualité du lait. — Aptitude individuelle des femelles laitières. — Influence du climat, du travail et de la castration. — Age du lait. — Gestation. — Heure et mode de la traite. — Influence de la maladie.

§ I. — Infections habituelles du lait.

Le lait peut éprouver des altérations sous l'influence d'une alimentation défectueuse, de maladies des mamelles, des états morbides généraux.

Le *lait aqueux* est celui qui a l'aspect bleuâtre. Il est pauvre en beurre et en caséine. Il est le résultat de l'alimentation par les drèches, les soupes, les pulpes, les feuilles de betteraves. Les maladies de l'intestin ainsi que les états hydrémiques sont susceptibles de le provoquer à brève échéance.

Le *lait visqueux* est celui qui, après un certain temps de sortie de la mamelle, se montre plus épais et visqueux. Cette altération s'observe fréquemment en été, lorsque la laiterie est malpropre ou bien encore à la suite de l'ingestion continue d'aliments avariés, de fourrages moisis.

Lait caillé. — On dénomme ainsi le lait qui se coagule rapidement au moment de la traite. Cet état d'altération est surtout observé dans la congestion des mamelles, les maladies de l'appareil digestif et la gestation avancée.

Lait qui ne donne pas de beurre. — En dehors des fautes

qui peuvent être commises dans la préparation du beurre, les principales causes de cette anomalie sont : les maladies des organes digestifs, la nourriture pauvre, les affections des mamelles, les grandes chaleurs comme le froid excessif. « Dans la baratte, la crème mousse et se caillebotte, mais la graisse ne se prend pas en beurre (1). »

Lait bleu. — Cette altération du lait ne se montre surtout que l'été, seize heures environ après la sortie de la mamelle. Elle disparaît à la saison froide. Caractérisée par de petites taches bleues grosses comme des têtes d'épingle, elle se propage et s'étend rapidement sur tous les vases de la laiterie. Elle est produite par un microorganisme qui envahit l'étable et la laiterie, *B. cyaneofluorescens*, *B. syncyanus*.

Le lait de couleur rouge ou de couleur jaune est également une altération très voisine du lait bleu (*Micrococcus prodigiosus*, *Bact. lactis erythrogenes*).

§ 11. — Laits pathologiques et médicamenteux.

Le lait peut renfermer des matières odorantes, des médicaments, des poisons provenant de l'organisme malade, du pus, du sang et divers bacilles, dont celui de la tuberculose.

Dans les maladies aiguës viscérales, telles que les pneumonies, les entérites, les néphrites, le lait est nuisible, car il est modifié, il contient en effet des poisons résultant d'un défaut d'élimination. Ce lait, qui peut provoquer des troubles digestifs chez les nourrissons, ne pourra être sûrement retiré de la consommation que si une surveillance régulière existe un jour dans les vacheries.

Fièvre aphteuse. — La vache malade peut fournir un lait nuisible aux consommateurs. C'est ainsi que la contagiosité de la fièvre aphteuse des animaux à l'homme est, aujourd'hui, complètement démontrée.

(1) FRIEDBERGER et FRÖHNER, *Pathologie et Thérapeutique spéciales des animaux domestiques*, traduction Cadiot et Ries.

A diverses reprises, disent Nocard et Leclainche, des vétérinaires et des médecins ont signalé la coexistence d'épizooties et d'épidémies aphteuses ([1]). La contamination par le lait est possible, parce que ce liquide peut être souillé par des matières virulentes tombées de la mamelle ou d'ailleurs. Comme le lait vendu dans les villes est souvent, pour ne pas dire toujours, le mélange de plusieurs laits de diverses provenances, on prévoit quelle peut être la diffusion de l'infection. « Mais tout porte à croire que le danger de contamination est extrêmement limité et que bien des cas de stomatite de l'homme, considérés comme relevant de la fièvre aphteuse, sont d'une autre nature ([2]). » Quoi qu'il en soit, l'ébullition détruit sûrement tous les germes dangereux existant dans le lait.

La *mammite streptococcique* des vaches provoque un lait bleuâtre, aqueux et diminué de moitié dans sa production journalière. Ce lait tourne avec une grande rapidité; mélangé au lait des autres quartiers de la mamelle, il provoque la coagulation de la masse tout entière. Son ingestion, d'après Nocard et Leclainche, paraît être sans danger; « toutefois son altérabilité lui enlève ses qualités marchandes; il doit être bouilli et employé à l'alimentation des porcs ».

Tuberculose. — Le lait des vaches tuberculeuses peut, dans le cas de mammite spécifique, renfermer des bacilles et transmettre la maladie à l'homme et surtout à l'enfant par ingestion. Tous les auteurs sont unanimes pour crier au danger du lait cru provenant de vaches non tuberculinées.

Laits médicamenteux. — Ils sont de deux sortes :

1° Les laits fermentés, qui sont des laits écrémés, pasteurisés et ensemencés par un ferment lactique actif. On a ainsi : le *kéfir*, le *koumys* produit par la fermentation alcoolique du lait de jument; le *yoghourt* ou lait caillé de brebis ou de vache, appelé encore lait bulgare; le *lében* très connu en Égypte et qui n'est autre que du lait fermenté de bufflesse ou de chèvre ;

([1]) NOCARD et LECLAINCHE, *les Maladies microbiennes des animaux*.
([2]) Prof. VALLÉE, d'Alfort, *in* journal *le Temps*.

2° On a encore des laits lécithiné, phosphaté, iodé, sulfureux dont les noms indiquent suffisamment leur composition ou leur mélange avec un produit pharmaceutique déterminé.

§ III. — Influence de la race dans la production de la matière grasse du lait.

COMPOSITION DU LAIT	RACES	
	NORMANDE	DURHAM
Matière grasse......................	5,60 0/0	6,30 0/0
Lactose............................	5	5,10
Matières azotées...................	3,40	2,90
Matières minérales	0,80	0,80

(MARCHAND.)

COMPOSITION DU LAIT	RACES		
	HOLLANDAISE	SUISSE	NORMANDE
Matière grasse...........	3,65	3,45	4,00 0/0
Lactose........................	4,75	4,74	4,48
Matières azotées..............	3	3,72	3,82
Matières minérales............	0,60	0,72	0,60
Extrait	11,99	12,70	12,90
Densité........................	1 029,7	1.031,9	1.030,8
Lait produit en 24 heures.......	22 à 24 litres	15 à 16 litres	12 à 14 litres

(GIRARD, L'HOTE, MAGNIER DE LA SOURCE.)

COMPOSITION MOYENNE DU LAIT SUIVANT LA RACE. — ANALYSES FAITES AU LABORATOIRE MUNICIPAL DE PARIS SUR DES ÉCHANTILLONS D'ORIGINE CERTAINE.

RACES	NOMBRE DE VACHES	DENSITÉ à 15°	EAU 0/0	EXTRAIT 0/0	CASEINE 0/0	BEURRE 0/0	LACTOSE 0/0	CENDRES
Normande.....	176	1.031	86,66	13,34	3,52	4,21	4,97	0,64
Picarde........	69	1.030	86,61	13,39	3,35	4,38	5,02	0,64
Flamande	200	1.032	87,19	12,81	3,03	4,32	4,73	0,63
Hollandaise....	350	1.029	88,10	11,90	3,14	3,51	4,64	0,61
Suisse........	56	1.032	86,91	13,09	3,59	4,15	4,73	0,64
Belge.........	9	1.027	89,50	10,50	2,57	3.27	4,15	0,50
Anglaise.......	5	1.031	85,66	14,34	3,07	5,92	4,63	0,72
Bretonne......	1	1.031	85,85	14,15	3,10	5,70	4,65	0,70
Nivernaise.....	9	1.032	85,25	14,75	3,30	5,85	4,90	0,70

§ IV. — Influence de l'alimentation sur la production et la qualité du lait.

Le régime, qu'il soit donné à l'étable ou aux champs, influe sur le lait. C'est ainsi que la stabulation permanente dans un air confiné en augmente la production. Par contre, la sécrétion lactée diminue lorsque les animaux ont une vie très active au grand air. Sa constitution est également modifiée dans les deux cas : le sujet au travail ne peut en effet, malgré la ration qu'on lui donne, produire et de la force et du bon lait.

Les fourrages des prairies artificielles augmentent la production du lait. On dit même que le trèfle vert fait rendre à la mamelle une quantité énorme de lait, un peu aqueux, on le conçoit.

Les vaches laitières sont nourries dans les grandes villes avec des résidus très variés : les pulpes ou résidus de sucreries ou de distilleries de betteraves ; les drèches de distilleries produites par la distillation des grains, des pommes de terre, de genièvre ; les drèches de brasserie ; et, enfin, les tourteaux, qui sont des résidus d'huileries et dont la variété est grande.

Les pulpes, surtout celles de diffusion, augmentent la quantité de lait de près d'un tiers, car le lait ne devient abondant qu'en étant plus aqueux. C'est un fait qu'on peut pour ainsi dire inscrire en axiome dans tous les cas.

L'usage prolongé des drêches liquides devient souvent cause de diarrhée chez la vache et aussi de maladie dite de *la caillette ou de la pulpe* (ARLOING). Cette nourriture produit un lait qui tourne vite et que l'enfant digère mal.

Stœcklin et Crochetelle ont communiqué à l'Académie des Sciences, le 6 juin 1910, un travail où il est dit que le lait des vaches nourries avec des tourteaux falsifiés au moyen de crucifères renfermerait des sulfocyanures. Ce lait étant toxique, il serait prudent de surveiller l'utilisation des tourteaux dans l'alimentation des vaches laitières.

Les Drs Variot et Aviragnet, médecins des hôpitaux ; Toussaint, d'Argenteuil ; Dron, du Nord ; Morfan, Roskam, de Liège ; Tollemer, de l'Oise ; Decherf, de Tourcoing, et Girard, directeur du laboratoire municipal, sont unanimes pour reconnaître que les drêches liquides produisent un lait nuisible à l'enfant. Les observations qu'ils relatent sont tirées de leur clientèle.

L'action nocive des pulpes de betteraves est également un fait démontré. On signale des cas de gastro-entérite dus au lait de vaches nourries de pulpes en fermentation. La dessiccation supprime les inconvénients des pulpes fraîches et ensilées. Elle produit des gâteaux secs et friables qu'on peut faire entrer sans crainte dans l'alimentation des animaux [Rapport de Dron sur une expérience faite à la ferme de Bourgogne (Nord) (¹) :

Emploi des drêches et des pulpes de distillerie dans l'alimentation
de 5 vaches

Betteraves.......................	22^{kg},000 par tête
Tourteau de lin..................	1 ,273
Son de blé.......................	2 ,800
Paille	6 ,000
Pulpes de distillerie.............	56 ,000
Drêches liquides de distillerie......	50 litres en boisson

(¹) E. AVIRAGNET, *Inconvénients et dangers du lait des vaches nourries de résidus industriels.*

NUMÉRO	SITUATION AU 10 DÉCEMBRE 1908			SITUATION AU 19 JANVIER 1909		
DES VACHES	poids en kilogr.	production en litres	matières grasses moyenne	poids en kilogr.	production en litres	matières grasses moyenne
1	580	14	38,33	600	9	36,33
2	530	14	38,66	520	15	35,66
3	540	19	38	550	16	34
4	600	24	39	630	22	36,33
5	710	24	40	740	22	37
	2.960	95	38,80	3.040	84	35,86

Les vaches ont augmenté de poids, mais il y a eu diminution de production et de la matière grasse (C. AVIRAGNET, *le Bon Lait*).

M. Martel, chef du service vétérinaire sanitaire de Paris, a rapporté une observation où une femme atteinte de néphrite a vu son état s'aggraver par l'usage d'un lait provenant de vaches nourries avec des résidus liquides de distillerie.

Si les laitières, dit le professeur Moussu, d'Alfort, sont nourries avec des pulpes ou des drêches avariées, les enfants peuvent contracter la diarrhée ; « et ces faits sont tellement bien établis qu'il est des régions, des exploitations du Nord, aux environs de Lille, de Tourcoing et de Roubaix, où les vaches destinées à fournir le lait commercial sont nourries avec des drêches, parce qu'il s'agit là d'une alimentation économique ; et où l'une d'elles, réservée à la production du lait consommé dans la famille, est nourrie de tout autre façon, avec des fourrages, des farineux, des tourteaux ou des racines de bonne qualité [1] ».

Cependant tout le monde reconnaît que les résidus industriels donnés sagement, lorsqu'ils sont peu fermentés, sont capables de provoquer chez la vache un lait de bonne qualité. En zootechnie, on enseigne, en effet, l'utilisation de ces ré-

[1] MOUSSU, Mémoire à la Ligue contre la mortalité infantile.

sidus dans l'alimentation des animaux de la ferme. Il y a donc une façon de distribuer à l'étable ces résidus industriels.

Le Dr Pagès, dans sa thèse de la faculté des sciences de Paris sur la physiologie de la matière minérale du lait, expose que le régime du vert augmente la proportion d'acide phosphorique du lait, que le maïs consommé en vert produit un lait très phosphaté (3^{gr},05 de PH^3) par litre de plus, et qu'enfin les fourrages secs, tels que la luzerne, les betteraves, les carottes, donnent à peu près le même résultat. Le régime du sec fait rendre à la vache un lait moins calcique que le régime du vert.

Pour Martel, l'aliment a une influence sur la richesse du lait en matière grasse. Il cite Buschmann, qui a prouvé que le tourteau de tournesol, inférieur au tourteau de cocotier, provoquait la diminution de la quantité de lait produit et du taux de la matière grasse de ce lait ([1]).

A l'étable, les tourteaux, la paille, le foin, les grains, les féveroles, les vesces, les pois, le lupin et la pomme de terre augmentent, d'après E. Thierry, le beurre et les matières minérales, mais provoquent une diminution de la densité, de la proportion d'extrait sec et de la caséine ([2]).

M. Charles Bacon, professeur spécial d'agriculture à Saumur (Maine-et-Loire), préconise, comme nourriture aux vaches laitières, une certaine quantité de pulpe de pomme de terre obtenue par râpage, sur laquelle on précipite de l'eau bouillante.

Les buvées tièdes résultant de cette préparation ont comme conséquence de produire une augmentation de la qualité du lait, un accroissement de la richesse en beurre de ce lait et une augmentation du poids vif de l'animal.

Il résulte des essais tentés par cette alimentation nouvelle chez un fermier de la Motte, près Saumur, que les vaches de son étable donnaient 41^{gr},22 de beurre par litre de lait, alors que chez le voisin qui n'utilisait pas encore, à cette époque, la

([1]) MARTEL, Rapport au 4e Congrès de laiterie à Budapest (1909).
([2]) E. THIERRY, *les Vaches laitières.*

pomme de terre râpée, les vaches n'accusaient que 32^{gr},32 de beurre par litre de lait, soit une augmentation d'environ 10 grammes par litre, grâce à l'intervention de la pomme de terre.

La matière grasse du lait est accrue par les germes de malt et la farine de palme, mais cela dépend bien souvent de l'aptitude individuelle et ne peut être considéré comme vrai dans tous les cas. Telle vache donne du lait, telle autre produit de la viande, quelle que soit la nourriture ingérée.

M. le professeur Porcher examine quelle peut être l'influence de l'alimentation sur les principaux éléments du lait : le beurre, la caséine, le sucre et les sels, et il conclut que les écarts du taux de la matière grasse tiennent surtout à la race des vaches laitières et peu à l'alimentation ([1]).

Vincey, professeur d'agriculture de la Seine, a fait des analyses prouvant que le lait des vaches nourries à l'herbe des prairies d'épandage est accru et plus riche en beurre. Par le régime d'hiver, la richesse beurrière moyenne du lait a été de 39^{gr},2 par litre. Par le régime d'été à l'herbe des prairies irriguées, la teneur moyenne du lait des vaches soumises à l'expérience a été portée à 53^{gr},8 de beurre par litre. L'accroissement de richesse en beurre a donc été de 14^{gr},6 en moyenne par litre, soit de 37 0/0 de la teneur initiale.

A Gennevilliers, l'accroissement correspondant de la richesse butyrique du lait des vaches soumises aux mêmes régimes n'a été que de 17,8 0/0 (hiver, 38^{gr},08 de beurre par litre ; été, 44^{gr},82 de beurre par litre).

Dans ladite expérience de Gennevilliers, l'augmentation volumétrique du rendement en lait des mêmes bêtes d'expérience a été de 18 0/0 de la quantité initiale (d'hiver) ([2]).

On admet en général dans les campagnes que le régime d'hiver au foin et à la paille donne un lait pauvre, que le pâ-

([1]) Rapport sur l'influence de l'alimentation dans la composition du lait.

([2]) VINCEY, *les Champs d'épandage de la ville de Paris et le lait de l'Assistance publique* (*Mémoires de la Société nationale d'Agriculture*, t. CXXXVIII).

turage fait le lait plus riche et que les herbages d'automne procurent un lait plus gras.

INFLUENCE DE LA NOURRITURE

COMPOSITION DU LAIT	VACHES NOURRIES aux carottes	VACHES NOURRIES aux betteraves
Caséine............................	4,20	3,75
Beurre	3,80	2,75
Lactose.......	5,30	5,95
Sels...............................	0,75	0,68
Matières sèches....................	13,33	13,13

(CHEVALIER et HENRY.)

Le Dr Aviragnet, dans une étude nouvelle où il s'appuie surtout sur les résultats de l'expérimentation clinique, établit, d'après les observations recueillies tant en France qu'à l'étranger :

1° Que les pulpes de betteraves provenant de sucrerie et de distillerie doivent être rejetées de l'alimentation des vaches ; seules, les pulpes desséchées peuvent être conseillées ;

2° Que les drèches de distillerie sont également nocives et qu'elles sont à rejeter ;

3° Que les drèches de brasserie sont bonnes et qu'on peut en conseiller l'usage quand elles sont fraîches seulement.

Il déclare, en outre, que les tourteaux étrangers sont le plus souvent mauvais et que, seuls, les tourteaux de pays doivent entrer dans l'alimentation des vaches laitières.

Tous ces produits industriels que l'auteur accepte volontiers lorsqu'il s'agit d'un lait commercial doivent, dit-il, être supprimés, comme cela se pratique en Allemagne et en Amérique, si l'on désire obtenir un lait destiné aux nourrissons et aux malades, car tous ces résidus industriels ne sont pas toujours exempts de nocivité. Soumis presque constamment à la fermentation et à la putréfaction, ils contiennent des toxines de toutes sortes, des poisons qui sont absorbés par les animaux et éliminés par la mamelle. L'analyse chimique ne les révèle pas, mais l'expérimentation clinique donne la preuve de leur existence.

On sait depuis longtemps que l'emploi de certaines substances alimentaires de nature végétale est capable de modifier la qualité du lait des vaches, soit en le rendant moins nutritif, soit en lui communiquant des propriétés médicamenteuses et même toxiques.

M. Pautrier, de Senlis, a signalé, il y a une quinzaine d'années, le danger que présente pour les enfants l'usage du lait provenant de vaches nourries avec des feuilles d'artichaut, lesquelles, on le sait, renferment un principe, véritable alcaloïde, la cynarine, dont le principal effet est de déterminer de la diarrhée et des vomissements. Ces accidents vont en s'aggravant, si l'allaitement de l'enfant avec ce même lait est poursuivi ([1]).

O. Jensen n'a pu, malgré des essais répétés, faire augmenter la matière minérale du lait en mélangeant de grandes quantités de chlorure de sodium et du phosphate de chaux à la nourriture des vaches laitières. Il en conclut que l'aliment change difficilement la composition du lait.

P. Dechambre, professeur à Grignon et à Alfort, soutient la même opinion en déclarant que seules la race et l'individualité sont les deux facteurs qui peuvent « modifier sensiblement le taux des divers principes du lait ».

« Il n'y a pas d'alimentation susceptible de modifier la composition du lait », dit Lindet, après Malpeaux et Dorez.

« C'est ainsi que Wanters, en donnant à la vache laitière des résidus de distillerie à discrétion — plusieurs vaches en absorbèrent plus de 100 litres — n'obtint qu'une augmentation dans la production laitière, mais pas de changement dans la composition du lait. » (PORCHER, loc. cit.)

Ces chimistes arrivent à dire qu'on ne mouille pas le lait en administrant aux femelles laitières de fortes quantités de drêches liquides.

J'ai connu, il y a quelque dix ans, un nourrisseur de Saint-

([1]) *In* journal *le Fermier* du 5 juin 1911.

Ouen qui donnait à ses vaches — elles étaient quinze dans l'étable — des drêches liquides à satiété. Les auges étaient toujours garnies d'un liquide légèrement tiède et les animaux buvaient, presque d'une manière continue, du matin au soir. On sentait en entrant dans la vacherie une odeur *sui generis* de fermentation acide ; et cependant le lait que fournissait ce nourrisseur était apprécié de la clientèle. Il n'en produisait pas, disait-il, assez pour les demandeurs.

Les idées, on le voit, sont partagées sur cette question d'alimentation des vaches laitières, dans la production d'un lait de bonne qualité. Cependant, au deuxième Congrès international de laiterie, en 1905, à Paris, les hygiénistes ont été d'accord pour reconnaître que le lait n'était plus bon et qu'il devenait dangereux pour l'enfant, au-dessous d'une certaine richesse.

§ V. — Aptitude individuelle des femelles laitières.

Toutes les vaches ne sont pas aptes, même nourries également, à donner un lait identique.

L'aptitude laitière est transmise par hérédité. Elle s'accuse par des signes extérieurs qui font, dans le commerce, classer la vache comme bonne ou mauvaise laitière. En général, dit Lermat, dans un mémoire couronné par le département de l'agriculture du canton de Vaud, la *quantité* de lait est indiquée par l'aspect général de la bête, la finesse de la peau, les formes délicates, graciles, allongées, le caractère doux, le calme du regard, l'état des veines du pis et les dimensions de l'écusson. Ce miroir du lait, comme on l'appelle en Allemagne (*Milchspiegel*), est la partie de la peau comprise entre le pis et la vulve, région recouverte de poils fins et dirigés de bas en haut, au lieu d'être de haut en bas (PAUTET).

La *durée* de ce lait est exprimée par la race de la bête, la consistance du pis et la présence ou l'absence des épis. Ce terme sert à désigner les parties cutanées recouvertes de pinceaux de poils à direction particulière.

La *qualité*, enfin, par la couleur indienne de la peau, les pellicules du périnée, la graisse de l'intérieur des oreilles et les papilles buccales.

Lait provenant de neuf vaches de même race placées dans des conditions identiques (DE BRÉVANS, in *le Bon Lait*).

Moyenne de la matière grasse pendant un mois :

N° 1	3,59 0/0	N° 6	2,76 0/0
2	3,61	7	3,76
3	3,34	8	3,45
4	3,49	9	2,89
5	3,45		

§ VI. — Influence du climat, du travail et de la castration.

Pour arriver à augmenter la sécrétion lactée, il faut que le climat soit doux et humide. Ainsi les vaches hollandaises, dont le rendement prodigieux est connu, n'ont guère fourni que 13 à 14 litres de lait par jour, une fois transportées en Espagne.

Le même fait s'est produit en Algérie avec les grandes races laitières de la métropole ; la grande chaleur, en activant la transpiration cutanée, a fait diminuer *aussitôt* la production lactée.

Le travail, dit M. Dornic, fait perdre à la vache 10 à 15 0/0 de son rendement en lait. Cette perte ne porte que sur l'eau, la matière sèche restant sensiblement la même.

ANALYSE DE GAUTRELET

	EXTRAIT	CENDRES	LACTOSE	MATIÈRE GRASSE	CASÉINE
Avant le travail..........	12,52	0,75	4,82	4,02	2,91
Après —	11,15	0,76	3,80	3,80	2,79

Le lait de la vache au travail est un peu plus acide et se coagule plus facilement.

La castration des vaches, qui est pratiquée quelquefois en France, ferait augmenter un peu la quantité de la matière grasse et diminuer le lactose.

Diculafait donne l'analyse suivante du lait de vaches châtrées :

	EXTRAIT	CENDRES	LACTOSE	MATIÈRE GRASSE	CASÉINE
Avant la castration.......	13,35	0,75	4,17	3,13	4,30
Après —	13,07	0,74	4,49	4,05	3,79

§ VII. — Age du lait. — Gestation.

Le temps écoulé depuis la parturition a une influence marquée sur la qualité du lait.

Les vaches en chaleur ont surtout un lait différent, plus dense et plus riche en principes solides et aussi en albumine. Il peut quelquefois être cause de diarrhée infantile. Au bout du septième mois de gestation, le lait diminue et faiblit dans sa teneur en matières minérales.

Le lait sécrété dans les premiers jours après le vêlage porte le nom de colostrum ; il est riche en albumine coagulable par la chaleur, en graisse et en sucre ; il est purgatif.

Les analyses faites à un mois, deux mois, sept et huit mois après la parturition ont donné des chiffres dissemblables pour la densité, l'extrait et le beurre.

VARIATION DE LA COMPOSITION DU LAIT
PENDANT TOUTE LA LACTATION (ROLLET)

MOIS	COMPOSITION DU LAIT			
	MATIÈRE grasse	LACTOSE	MATIÈRES azotées	MATIÈRES minérales
1899 Mai..........	3,47	4,54	5,62	0,92
Juin..........	3,31	5,00	2,33	0,73
Juillet........	3,59	4,89	3,03	0,76
Septembre ...	5,10	4,72	3,75	0,73
Octobre......	4,25	4,60	3,60	0,80
Novembre....	3,84	4,60	3,80	0,79
Décembre....	4,51	4,68	3,74	0,79
1900 Janvier........	4,14	4,73	3,78	0,79
Février......	3,86	4,68	3,74	0,97
Mars.........	3,82	4,77	3,63	0,79
Avril.........	4,49	4,69	3,78	0,79
Mai..........	3,78	3,27	4,26	0,86

(DE BRÉVANS, in *le Bon Lait*.)

§ VIII. — **Heure et mode de la traite.**

Le lait des traites du matin est plus riche en beurre que celui des traites du soir.

A la fin de la traite, il y a plus de crème ou de beurre, le double parfois qu'au commencement [1].

Il faut traire à fond les mamelles et cela trois fois par jour afin d'empêcher le lait de séjourner dans le fond des culs-de-sac glandulaires. Par suite des mulsions répétées, on produit mieux la desquamation des cellules endothéliales qui tapissent l'intérieur des *acini* et qui se transforment, comme on sait, en matières grasses [2].

Il résulte, en effet, des expériences du zootechnicien Emile Wolff :

[1] HURTREL D'ARBOVAL, *Dictionnaire de médecine, de chirurgie et d'hygiène vétérinaires.*
[2] PAUTET, *Éléments de zoologie.*

1° Que les vaches traites trois fois par jour fournissent davantage de lait, 2 litres de plus que celles dont le pis est vidé en une seule séance;

2° Que le lait des premières renferme une plus forte proportion de globules butyreux que celui des secondes. D'où cette conclusion que les vaches traites trois fois par jour ont un lait plus riche en beurre. Il n'y a, d'après Wolff, qu'une substance dont la quantité ne change pas : la lactine ou sucre.

COMPOSITION MOYENNE DES LAITS SUIVANT LES TRAITES DE LA JOURNÉE

100 GRAMMES DE LAIT RENFERMENT	LAIT DU MATIN	LAIT DU MIDI	LAIT DU SOIR
Caséine............................ Albumine............................	3,15	3,27	3,21
Beurre............................	2,69	2,94	2,82
Lactose............................	4,87	4,90	4,87
Cendres............................	0,83	0,73	0,80
Total des matières sèches	11,54	11,84	11,70

(SCHEREN.)

Une vache, d'après Malpeaux et Dorez, a donné, le matin, 3,90 0/0 de matière grasse, à la traite de midi 5,3 0/0 et à celle du soir 4,8 0/0.

A. — MODIFICATION DE LA COMPOSITION AU COURS DE LA TRAITE

COMPOSITION POUR 100	1re EXPÉRIENCE 20 LITRES PAR JOUR âge du lait : 6 semaines		2e EXPÉRIENCE 14 LITRES PAR JOUR âge du lait : 5 mois		3e EXPÉRIENCE 20 LITRES PAR JOUR âge du lait : 6 semaines	
	premier litre	dernier litre	premier litre	dernier litre	premier litre	dernier litre
Beurre............	14,50	75,70	18,50	45,00	18,80	65,60
Caséine............	40,00	42,00	42,60	40,80	37,60	34,40
Lactose............	53,60	48,50	58,10	52,30	58,80	54,60

(Documents du laboratoire municipal.)

A. — Modification au cours de la traite

POUR 100 CM³ DE LAIT	AU DÉBUT DE LA TRAITE	AU MILIEU DE LA TRAITE	A LA FIN DE LA TRAITE
Matière grasse	1,19	2,13	4,31
Lactose.......................	5,13	5,34	5,13
Matières azotées..............	3,17	3,62	3,34
Matières minérales............	0,51	0,56	0,53
Extrait.......................	10,00	11,65	13,31

(Villier et Collin.)

Paul Diffloth déclare que la façon d'effectuer la traite elle-même, la méthode suivie par le vacher, en un mot, joue un rôle important dans la production et la richesse du lait obtenu. C'est l'emploi de la méthode Hégelund qui donne les meilleurs résultats. Les dernières portions du lait, ainsi sorties de la mamelle, peuvent conte-nir une proportion de beurre qui peut atteindre 5, 6, 7, 8 0/0 et même plus.

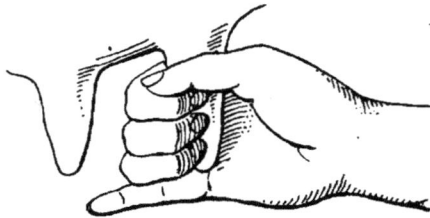

Fig. 24. — Procédé Hégelund d'après Diffloth.

Dans cette méthode, le trayon est saisi à pleine main, de façon à clore son orifice supérieur entre le pouce et l'index replié. On ferme ensuite successivement le troisième, le quatrième et le cinquième doigt sur le trayon ainsi serré en haut, sans jamais changer la forme de ce mouvement (fig. 24).

Le lait est, dans cette première phase, projeté sous forme de jet par une pression graduelle s'exerçant de haut en bas. Une fois le lait sorti, on ouvre la main pour recommencer à nouveau la pression caractéristique.

Cette opération est effectuée d'abord sur les deux trayons antérieurs, puis sur les deux quartiers postérieurs. On termine ensuite la traite par des massages de haut en bas exercés avec le pouce sur la paroi concave de la mamelle. Cette légère pression du pouce fait sortir successivement de chaque quartier les dernières portions du lait ([1]).

§ IX. — Influence de la maladie.

Le beurre de lait aphteux naturel renferme une matière grasse semblable à la margarine et qui peut être confondue avec elle. (*Lettre du juge d'instruction de Vervins*, 30 sept. 1911.)

Dans l'abstinence et l'alimentation insuffisante, les vaches laitières donnent un lait dont le beurre renferme un corps gras qui se confond, par ses réactions, avec l'oléo-margarine du commerce. L'animal use, ici, ses réserves, c'est-à-dire sa graisse. (Aug. ELOIRE, *Recueil de Méd. Vét.*, 15 nov. 1911.)

Les chimistes H. COUDON et ROUSSEAUX ont constaté, dans leur mission en Hollande, des faits semblables sur des vaches nourries avec des aliments verts peu nutritifs. (*Bulletin du Ministère de l'Agriculture*, 20ᵉ année, n° 2, page 302.)

---

[1] DIFFLOTH, *Des procédés de traite*, in *Journal d'agriculture pratique*, 5 février 1903.

CHAPITRE VI

DE LA RECHERCHE ET DE LA CONSTATATION DE LA FRAUDE

La connaissance du lait, de sa composition, des altérations voulues, occasionnelles ou morbides dont il peut être l'objet, des études savantes que demandent ses examens physique, chimique et bactériologique, suffit à faire comprendre toutes les difficultés que peut soulever la répression de la fraude d'un produit si précieux.

L'impunité du fraudeur apparaîtrait donc comme certaine, si ceux qui sont chargés de rechercher et de constater les infractions à la loi ne consacraient à leur mission toute leur intelligence et toute leur activité (1).

(1) Les autorités qui ont qualité pour opérer des prélèvements sont :
Les commissaires de police ;
Les commissaires de la police spéciale des chemins de fer et des ports ;
Les agents des contributions indirectes et des douanes agissant à l'occasion de l'exercice de leurs fonctions ;
Les inspecteurs des halles, foires, marchés et abattoirs ;
Les agents des octrois et les vétérinaires sanitaires peuvent être individuellement désignés par les préfets pour concourir à l'application de la loi du 1er août 1905 et commissionnés par eux à cet effet.
Dans le cas où des agents spéciaux seraient institués par les départements

Le rôle assigné à ces fonctionnaires dans l'application de la loi est, en effet, considérable.

Il est d'autant plus difficile à tenir, en l'espèce, que ceux qui en ont la charge n'y sont généralement point préparés par leurs aptitudes professionnelles, et qu'il ne leur appartient pas, comme on serait tenté tout d'abord de le croire, de rechercher et de constater un délit qui paraît avoir été commis, mais qu'ils sont chargés de « surveiller — pour employer les expressions si justes de M. le conseiller Le Poittevin — si, alors que rien ne la fait soupçonner, une fraude ne se serait point produite[1] ».

C'est que le législateur de 1905 n'a pas voulu seulement assurer la répression de la fraude; il a cherché à tenir le fraudeur perpétuellement en haleine, en exposant le commerçant à une surveillance constante de sa marchandise, et en sauvegardant, par contre, ses intérêts légitimes par des prescriptions rigoureuses, exorbitantes même du droit commun.

Mais il ne faudrait point que ces prescriptions puissent devenir la planche de salut du fraudeur surpris. On doit penser, en effet, que celui-ci n'hésitera pas, le cas échéant, à invoquer toute nullité de procédure commise, pas plus qu'il n'hésitera, du reste, à tenter de jeter le trouble dans la conscience de l'expert ou du juge en invoquant à son profit la nature si capricieuse et si déconcertante d'un produit tel que le lait.

C'est à l'agent de prélèvement qu'il appartient de lui couper la retraite dès l'origine. Chose qui n'est pas impossible, s'il observe rigoureusement les formalités prescrites et s'il met au service de la loi les connaissances pratiques qu'il aura du produit dont il a la surveillance[2].

---

ou les communes pour concourir à l'application de ladite loi, ces agents devront être agréés et commissionnés par les préfets. (Décret du 31 juillet 1906, art. 2.)

[1] Le Poittevin, *Dictionnaire des parquets*, 1910, t. II, p. 618.

[2] A Paris, le service des prélèvements est confié à des agents spéciaux, commissaires-inspecteurs des denrées alimentaires, dirigés par le commissaire spécial des Halles. Sous cette active et habile direction, les agents dont il s'agit utilisent au mieux leurs connaissances techniques, et arrivent,

Il pourra notamment, tout en restant dans la légalité la plus absolue, provoquer, au moment du prélèvement des échantillons, des déclarations, qui auront le double avantage de mettre le commerce honnête à l'abri de toute vexation et le fraudeur dans l'impossibilité de trouver, dans la suite, des explications que sa bonne foi ne lui dicterait point, mais qu'un conseil avisé lui soufflerait aisément.

§ I. — Droit commun.

Ce serait une erreur de penser qu'en matière de fraude le droit commun ait perdu tout son empire et que la condamnation du fraudeur soit toujours intimement liée à l'observation des prescriptions impératives de la loi du 1er août 1905 et du décret du 31 juillet 1906.

Il est de jurisprudence en effet que si cette loi et ce décret portent que les prélèvements sont obligatoires dans tous les cas où les denrées paraissent falsifiées, corrompues ou toxiques, l'observation de ces prescriptions n'est point exigée en cas de flagrant délit lorsque le falsificateur a été surpris par les agents de l'autorité au moment même où il procédait à l'adultération des denrées mises en vente.

C'est ce qu'a décidé notamment la huitième chambre du tribunal correctionnel de la Seine sous la présidence de M. Choumert, le 7 décembre 1907.

Voici, du reste, *in extenso*, le texte de ce jugement, qui se dispense de tout commentaire :

Le tribunal,
Attendu que la veuve Duroux (Julie-Flora Pichon) est renvoyée

---

après des enquêtes, à prélever pour ainsi dire à coup sûr. Cela est si vrai que, pour l'ensemble, 60,7 0/0 des échantillons prélevés dans la Seine ont été transmis au Parquet, pendant le premier semestre de 1909, et que, par conséquent, 39,3 0/0 seulement des produits n'ont fait l'objet d'aucune observation du Laboratoire. (Extrait du rapport de M. Noulens, député, sur le budget du ministère de l'Agriculture pour l'année 1910. — *Bulletin de la Répression des fraudes*, 1909, n° 14, p. 378.)

devant le tribunal correctionnel pour avoir falsifié du lait par mouillage et pour mise en vente du lait ainsi falsifié et mouillé ;

Attendu qu'elle a déposé des conclusions tendant à son renvoi des fins de la poursuite ainsi libellées : « Attendu que la concluante est poursuivie en vertu des articles 1, 3 et 7 de la loi du 1er août 1905, sous l'inculpation d'avoir falsifié ou tenté de falsifier du lait, mis en vente par elle, par addition d'eau ; attendu que ladite loi a été complétée par le décret du 31 juillet 1906 ; que l'article 4 dudit décret porte que les prélèvements sont obligatoires dans tous les cas où les boissons, denrées ou produits paraissent corrompus, falsifiés ou toxiques ; attendu, en fait, qu'aucun prélèvement n'a été opéré sur le lait mis en vente par la concluante, et qu'il en résulte que la poursuite manque de base légale » ;

Attendu qu'il est nécessaire pour que la prévenue puisse invoquer soit la nullité de la procédure, soit réclamer sa mise hors de cause basée sur l'inobservation des règles prescrites par la loi de 1905 et le règlement de 1906, que le délit ait été découvert grâce à la procédure de recherche créée par la loi de 1905 et non par un des moyens ordinaires du droit commun ;

Attendu, en outre, que l'inculpée se méprend sur les termes de l'article 4 du règlement ; que celui-ci signifie que les agents de prélèvements, quand ils entrent chez un négociant qui n'est pas soupçonné de fraude, qu'ils visitent ses magasins, sont libres d'opérer des prélèvements ou de ne pas en opérer si bon leur semble, mais qu'ils n'ont plus leur liberté d'action quand les boissons, denrées ou produits paraissent falsifiés, corrompus ou toxiques ; qu'ils ont dans ce cas l'obligation de prélever ;

Attendu que tel n'était pas le cas dans l'espèce ; que l'agent, en effet, ne venait pas pour rechercher la fraude ; qu'il a simplement constaté un délit de droit commun ; qu'il a surpris l'inculpée au moment où elle mettait de l'eau dans son lait ; qu'il résulte de sa déclaration qu'au moment où il s'est approché d'elle, celle-ci a renversé le lait qu'elle venait de mouiller ; que ce dernier fait mettant en tout cas l'autorité compétente dans l'impossibilité d'opérer des prélèvements, constitue de la part de l'inculpée un aveu de culpabilité ;

Attendu, enfin, qu'il n'y a pas lieu de s'arrêter ni avoir égard à l'argument tiré de ce que la veuve Duroux est poursuivie en vertu de la loi de 1905 ; que cette loi n'étant visée que pour les pénalités est applicable dans tous les cas, qu'il s'agisse d'une procédure de droit commun, ou de la procédure spéciale créée par la loi de 1905 ;

Attendu que la preuve est rapportée ;

Par ces motifs :

Condamne la prévenue à 50 francs d'amende, deux insertions (1).

(1) Journal le Droit du 15 janvier 1908.

§ II. — Législation spéciale. — Loi du 1ᵉʳ août 1905. Décret du 31 juillet 1906.

Il est bien rare que le fraudeur se fasse prendre sur le fait. Aussi, comme le disait le Dʳ Moreau : « Pour les cas où les qualités propres des produits examinés ne sont pas appréciables par l'observation directe, qu'elles ne peuvent être constatées sur place devant l'intéressé, mais seulement par l'analyse physico-chimique au laboratoire, et c'est bien le cas du lait, le législateur a prévu des formalités étroitement précisées qui assurent au prélèvement des échantillons, et à l'expertise elle-même, l'authenticité et les garanties auxquelles ont droit les commerçants assujettis à ces recherches et aussi ceux dont les marchandises sont présumées fraudées [1]. »

A. — LIEUX DE PRÉLÈVEMENT

Des prélèvements d'échantillons peuvent, en toutes circonstances, être opérés d'office dans les magasins, boutiques, ateliers, voitures servant au commerce, ainsi que dans les entrepôts, les abattoirs et leurs dépendances, les halles, foires et marchés, et dans les gares ou ports de départ et d'arrivée.

Les prélèvements sont obligatoires dans tous les cas où les boissons, denrées ou produits paraissent falsifiés, corrompus ou toxiques.

Les administrations publiques sont tenues de fournir aux agents désignés à l'article 2 tous éléments d'information nécessaires à l'exécution de la loi du 1ᵉʳ août 1905.

Les entrepreneurs de transport sont tenus de n'apporter aucun obstacle aux réquisitions pour prises d'échantillons et de représenter les titres de mouvement, lettres de voiture, récépissés, connaissements et déclarations dont ils sont détenteurs (art. 4 du décret du 31 juillet 1906).

[1] Dʳ MOREAU, Congrès vétérinaire des 17 et 18 mars 1908.

Les inspecteurs du service de la répression des fraudes ne doivent pas oublier que c'est à dessein que le premier alinéa de cet article énumère les lieux soumis à leur surveillance et leur contrôle et où ils pourront, dans toutes circonstances, opérer *d'office* des prélèvements d'échantillons.

Cette énumération est, en conséquence, limitative, et on ne saurait y faire rentrer les lieux privés autres que ceux qui y sont spécialement visés, sans porter atteinte, en dehors des cas prévus par la loi, au principe de l'inviolabilité du domicile (Cass., 25 février 1911 : Pandectes françaises, 1911, 9e cahier, 1re partie, page 87).

Donc, si le lait soupçonné de fraude, quoique destiné au commerce, est déjà en la possession ou au domicile du consommateur, aucun prélèvement d'échantillon ne peut y être opéré *d'office* et « s'il existe alors, comme le dit si justement M. Popineau, des indices de fraude, il ne peut plus être procédé que dans les conditions et suivant les formes du droit commun (Cass., 17 novembre 1905 : *Gaz. du Palais*, 1905, 2e page 636 (¹) ».

Mais si l'article 4 du décret du 31 juillet 1906 a réglé uniquement le cas où il est procédé à des prélèvements *d'office* et confère aux agents du service le droit exceptionnel de pénétrer dans les locaux qu'il énumère, il n'a ni pour objet, ni pour effet de restreindre la compétence desdits agents au seul cas où il leur est permis d'agir *d'office*, et de leur enlever qualité pour effectuer des prélèvements au domicile des particuliers sur la demande de ceux-ci lorsque les marchandises sont parvenues en leur possession (Cass., 27 janvier 1911 : Pandectes françaises, 1911, 9e cahier, 1re partie, page 847).

B. — NOMBRE D'ÉCHANTILLONS A PRÉLEVER

« Tout prélèvement comporte quatre échantillons, l'un destiné au laboratoire pour analyse, les trois autres éventuellement destinés aux experts. » (Art. 5 du décret du 31 juillet 1906.)

(¹) POPINEAU, *Lois nouvelles*, 1907, p. 591.

« Cette formalité doit être considérée comme substantielle [1] et son inobservation est par suite une cause de nullité de la saisie. » (Le Poittevin, *Dictionnaire des Parquets*, 1910, t. II, p. 620.)

Cependant :

« Bien que chaque prélèvement comporte la prise de quatre échantillons, les agents devront être invités à laisser un cinquième échantillon entre les mains de l'intéressé, lorsque celui-ci leur en fera la demande expresse. Toutefois, cet échantillon ne devra être revêtu d'aucun cachet, d'aucune marque susceptible de lui donner un caractère officiel, et il ne peut convenir qu'à l'usage personnel de l'intéressé. Cependant, pour les laits, on ajoutera une pastille de bichromate de potasse dans le cinquième échantillon comme dans les échantillons officiels. Il est bien entendu que la valeur de cet échantillon ne peut être susceptible de remboursement [2]. »

C. — Façon d'opérer les prélèvements

Les prélèvements doivent être effectués de telle sorte que les quatre échantillons soient, autant que possible, identiques.

A cet effet, des arrêtés ministériels pris de concert entre le ministre de l'Agriculture et le ministre du Commerce, de l'Industrie et du Travail, sur la proposition de la commission permanente, déterminent pour chaque produit ou marchandise la quantité à prélever, les procédés à employer pour obtenir des échantillons homogènes ainsi que les précautions à prendre pour le transport et la conservation de ces échantillons (Décret du 31 juillet 1906, art. 7).

---

[1] Toutefois la nullité n'étant encourue que si elle porte atteinte aux droits de la défense, il n'y aurait pas nullité s'il n'a pas été procédé à une expertise contradictoire, puisque ce prélèvement, quoique incomplet, a été suffisant pour les besoins de l'information. (Cass., 25 juillet 1908 : note Dalloz, 1910, I, 29.)

[2] Circulaire du ministre de l'Agriculture aux préfets du 26 février 1907.

Arrêté du 1er août 1906.

ARTICLE PREMIER. — Chaque prélèvement comporte toujours la prise de quatre échantillons.

Ces quatre échantillons doivent être identiques.

ART. 2. — Les échantillons prélevés doivent remplir les conditions suivantes :

A. — *Liquides vendus en litres, demi-litres, bouteilles, demi-bouteilles, flacons, cruchons, portant des cachets, marques et étiquettes d'origines.*

1°. . . . .

2°. . . . .

3°. . . . .

4°. . . . .

5° *Lait stérilisé.* — Une bouteille ou une carafe d'un demi-litre par échantillon.

6°. . . . .

(Ces produits sont généralement vendus en litres.)

Déboucher l'un de ces litres et en partager le contenu dans quatre flacons d'un quart de litre propres et secs qu'on bouchera avec des bouchons neufs.

On mentionnera au procès-verbal la disposition et le libellé des étiquettes portées sur le litre ainsi employé ; si possible, décoller ces étiquettes et les joindre au procès-verbal.

B. — *Liquides dans des fûts, réservoirs, bidons, estagnons, intacts ou en vidange.*

Les quatre échantillons devront provenir d'un même récipient. Si celui-ci n'est pas encore entamé, s'il est intact, on devra relever minutieusement toutes les marques, cachets ou inscriptions dont le récipient est revêtu pour les mentionner au procès-verbal, avant de procéder au prélèvement, lequel se fera, soit en piquant le fût avec un foret ou une vrille, soit par tout autre moyen approprié.

On tirera dans un vase quelconque, sec et propre (baquet, terrine, broc, etc.), une quantité de liquide suffisante pour constituer les quatre échantillons, puis on répartira ce liquide entre les quatre bouteilles de prélèvement.

Si l'on ne dispose pas d'un vase sec et propre, et qu'on soit dans l'obligation de remplir les quatre bouteilles de prélèvement en tirant directement au fût, par exemple, on devra s'y prendre à deux reprises, c'est-à-dire qu'on commencera par remplir les quatre bouteilles à moitié seulement, puis on les reprendra, dans le même ordre, pour achever de les remplir.

On indiquera soigneusement au procès-verbal la nature du récipient d'où l'on aura tiré le liquide prélevé, sa contenance approximative et, s'il était en vidange, la quantité de liquide qu'il contenait encore au moment du prélèvement.

Dans le cas où le liquide a été mis en bouteilles prêtes à la vente, par le détaillant, on débouchera un nombre suffisant de bouteilles dont on mélangera le contenu dans un vase sec et propre, on remplira avec ce liquide les quatre bouteilles de prélèvement.

Les précautions spéciales à chaque cas, ainsi que les quantités à prélever pour chaque échantillon, sont indiquées ci-après.

Les bouteilles de prélèvement devront toujours être propres et sèches, complètement remplies et bouchées avec des bouchons de liège neufs.

8° *Laits*. — Un quart de litre par échantillon, soit un litre pour les quatre échantillons. On prélèvera dans des bouteilles en verre blanc propres, sèches et sans odeur. Avant de les boucher, on introduira dans chacune d'elles une pastille rouge spéciale de bichromate de potasse [1].

Lorsque le prélèvement portera sur du lait en cours de débit, c'est-à-dire placé dans une terrine, sur le comptoir ou dans un pot ouvert, on mélangera soigneusement avec une louche le lait avec la crème montée à la surface avant de remplir les bouteilles de prélèvement.

Si le prélèvement porte sur des pots ou bidons intacts, on relèvera la nature des cachets et des marques dont ils sont revêtus avant de procéder à leur ouverture ; on en fera mention au procès-verbal.

On transvasera le lait du pot sur lequel on se propose de faire un prélèvement dans un pot vide semblable, puis on le reversera dans le premier ; ce double transvasement n'a d'autre but que de rendre le liquide homogène, c'est-à-dire de mélanger le lait avec sa crème. On prélèvera alors le lait au moyen d'une louche et, en se servant d'un entonnoir, on remplira les quatre bouteilles.

Si l'on ne dispose pas d'un pot vide pour effectuer le transvasement favorable au mélange du lait avec sa crème, on agitera fortement le pot avant de l'ouvrir, puis on s'efforcera d'en rendre le contenu homogène en le brassant avec une louche ; on devra alors en verser quelques litres dans un vase quelconque sec et propre et se servir de ce liquide pour remplir les quatre fioles de prélèvement. Si l'on ne dispose d'aucun vase sec et propre convenable, on prendra directement dans le pot avec la louche et on remplira tout d'abord les bouteilles de prélèvement à moitié seulement, puis on

[1] Ces pastilles sont fournies aux agents de prélèvements par le service administratif à qui elles sont envoyées par l'Administration de l'Agriculture, conformément à la circulaire aux préfets du 26 février 1907.

les reprendra dans le même ordre pour achever de les remplir.

On pourra faire autant de prélèvements, c'est-à-dire prélever autant de fois quatre échantillons qu'il y a de pots.

On pourra aussi faire un prélèvement moyen sur plusieurs pots. Dans ce cas, après avoir agité soigneusement ceux-ci, on versera quelques litres de chacun d'eux dans un pot vide ou dans un vase sec et propre et on remplira les fioles de prélèvement avec ce mélange.

On indiquera au procès-verbal le nombre de pots ainsi employés à ce prélèvement moyen, ainsi que les marques et cachets dont ils étaient revêtus. On devra se munir, pour les prélèvements de laits, d'une louche et d'un entonnoir ([1]).

D. — Scellés et étiquettes

« Tout échantillon prélevé est mis sous scellés. Ces scellés sont appliqués sur une étiquette composée de deux parties pouvant se séparer et être ultérieurement rapprochées savoir :

1° Un talon qui ne sera enlevé que par le chimiste au laboratoire après vérification du scellé. Ce talon ne doit porter que les indications suivantes : nature du produit, dénomination sous laquelle il est mis en vente, date du prélèvement et numéro sous lequel les échantillons sont enregistrés au moment de leur réception par le service administratif;

2° Un volant qui porte ces mêmes mentions, mais où sont inscrits, en outre, les noms et adresse du propriétaire ou détenteur de la marchandise, ou en cas de prélèvement en cours de route, ceux des expéditeurs et destinataires. Ce volant est signé par l'auteur du procès-verbal. » (Art. 8 du décret du 31 juillet 1906.)

Assurer *l'identité* des échantillons prélevés, empêcher le chimiste du laboratoire de triage de *connaître la provenance* de l'échantillon soumis à son examen, telle est la double conséquence de l'application des prescriptions de cet article.

L'on comprend de suite tout l'intérêt qui s'y attache ; et si toute irrégularité, en l'espèce, n'est pas toujours une cause de

---

([1]) Nous conseillons aux agents de prélèvement de mentionner au procès-verbal la température du lait au moment de l'opération ainsi que les indications fournies par le lacto-densimètre.

MODÈLE DES ÉTIQUETTES FOURNIES AUX AGENTS DE PRÉLÈVEMENT PAR LE SERVICE ADMINISTRATIF CONFORMÉMENT A LA CIRCULAIRE DE M. LE MINISTRE DE L'AGRICULTURE AUX PRÉFETS DU 26 FÉVRIER 1907 SUR L'ORGANISATION DU SERVICE DE LA RÉPRESSION DES FRAUDES.

DÉPARTEMENT d ....

Dénomination : ....

Date du prélèvement : ....

Nº d'inscription
du service administratif : ▒▒▒▒▒▒▒▒

RÉPRESSION DES FRAUDES

Dénomination : ....

....

....

....

Date du prélèvement : ....

Nom et adresse
du propriétaire
ou détenteur
de la marchandise.

Signature de l'auteur
du procès-verbal :

Nº d'inscription
du service administratif : ▒▒▒▒▒▒▒▒

Observations : ....

....

nullité, nous ne saurions trop recommander aux inspecteurs du service de la répression des fraudes de les observer rigoureusement.

Il est absolument indispensable, en effet, qu'aucune discussion ne puisse s'élever dans la suite sur l'identité des échantillons prélevés et il est non moins nécessaire que les laboratoires de triage émettent leur avis en toute indépendance.

Pour ce faire, ces fonctionnaires devront donc :

1° Veiller à ne porter comme indication sur le *talon* de l'étiquette que la *nature du produit*, la *dénomination sous lequel il est mis en vente* et la *date du prélèvement ;*

2° Mettre, *sans désemparer*, aussitôt le prélèvement opéré, les échantillons sous scellés, en présence des intéressés pour qu'en aucun cas il ne puisse être discuté plus tard sur l'identité des échantillons prélevés.

E. — RÉDACTION DU PROCÈS-VERBAL DE PRÉLÈVEMENT

L'article 6 du décret du 31 juillet 1906 s'exprime ainsi :

Tout prélèvement donne lieu, séance tenante (¹), à la rédaction sur papier libre (²) d'un procès-verbal. Ce procès-verbal doit porter les mentions suivantes :

1° Les nom, prénoms, qualité et résidence de l'agent verbalisateur ;

2° La date, l'heure et le lieu où le prélèvement a été effectué;

3° Les nom, prénoms, profession, domicile ou résidence de la personne chez laquelle le prélèvement a été opéré, si le prélèvement a lieu en cours de route, les noms et domiciles des personnes figurant sur les lettres de voiture ou connaissements comme expéditeurs et destinataires ;

(¹) S'il résulte des énonciations de l'arrêt attaqué que le procès-verbal de prélèvement a été rédigé sans désemparer et dans un laps de temps qui n'a pas excédé celui exigé par les nécessités de la pratique et qu'il contient toutes les indications jugées utiles pour établir l'authenticité des échantillons prélevés et l'identité de la marchandise, les juges du fond ont pu déclarer à bon droit que les intérêts de la défense étaient sauvegardés. (Décret du 31 juillet 1906, art. 6: Cassation. Crim., 10 avril 1908 : Dalloz. 1909, 1. 224.)

(²) Circulaire des 26 février et 12 mars 1907.

84

PRÉFECTURE
DU DÉPARTEMENT

d...

— ❊ —

Répression des fraudes et falsifications, en ce qui concerne les boissons et denrées alimentaires. (Loi du 1er août 1905 et décret du 31 juillet 1906.)

N°...

(N° d'enregistrement du service administratif...........)

Procès-verbal du...........
Prélèvement de...........
fait sous le n°...........
chez M...........
à...........

(1) Dire si elles sont exposées, mises en vente, vendues ou détenues, et indiquer le lieu.

(2) Noms, prénoms, profession, domicile ou résidence de la personne chez laquelle le prélèvement est opéré ; si ce dernier est fait en cours de route, indiquer l'endroit où il a eu lieu, les noms et adresses des personnes figurant sur les lettres de voiture ou connaissements comme expéditeur et destinataire.

(3) Nature du produit.

(4) Indiquer s'il est exposé, mis en vente, vendu, déposé, entreposé.

(5) Nature des vases et emballages.

(6) Étiquettes et marques, prix.

(7) Mentionner, s'il y a lieu, les affiches, tableaux, avis aux consommateurs placés dans l'établissement.

RÉPUBLIQUE FRANÇAISE
LIBERTÉ — ÉGALITÉ — FRATERNITÉ

PROCÈS-VERBAL
DE PRÉLÈVEMENT D'ÉCHANTILLONS

*L'an mil neuf cent..........., le...........
à...........heure du..........., nous soussigné,...........*

dûment commissionné, en procédant à la visite des marchandises(1)...........
par(2)...........

avons prélevé quatre échantillons identiques de(3)...........
(4)...........

renfermé dans(5)...........

portant(6)...........

(7)...........

Nous avons procédé au prélèvement de la manière suivante, en prenant toutes précautions pour que les quatre échantillons soient identiques :

Les quatre échantillons identiques ont été renfermés dans ....
.... et scellés immédiatement
avec étiquettes indicatives portant toutes les quatre le N° ....
que .... a .... signé avec nous.

Le S\ .... nous a fait les déclarations suivantes :

Nous avons délivré au S\ .... un bon de remboursement
de .... montant de la valeur déclarée
par lui des quatre échantillons portant le N° ....

De tout ce que dessus, nous avons dressé le présent procès-verbal que ....
.... a .... signé avec nous, après lecture faite,
pour être transmis immédiatement à M. le Préfet d ....

Signature de l'Agent verbalisateur,

4° Le procès-verbal doit, en outre, contenir un exposé succinct des circonstances dans lesquelles le prélèvement a été opéré, relater les marques et étiquettes apposées sur les enveloppes ou récipients, l'importance du lot de marchandise échantillonné ainsi que toutes les indications jugées utiles pour établir l'authenticité des échantillons prélevés et l'identité de la marchandise.

Le propriétaire ou détenteur de la marchandise, ou, le cas échéant, le représentant de l'entreprise de transport peut, en outre, faire insérer au procès-verbal toutes les déclarations qu'il juge utile[1]. Il est invité à signer le procès-verbal ; en cas de refus, mention en est faite par l'agent verbalisateur.

Conformément à la circulaire de M. le ministre de l'Agriculture du 26 février 1907, des imprimés passe-partout sont délivrés aux agents de prélèvement dont nos lecteurs trouveront ci-contre le modèle.

Voici quels sont les renseignements qu'il serait désirable de provoquer de la part des intéressés, le cas échéant, au moment de la rédaction des procès-verbaux de prélèvement et qu'il serait utile, à notre avis, d'y faire figurer, cela autant dans l'intérêt de la défense que de l'accusation.

Je n'ai ni mouillé le
          ni écrémé le   } lait sur lequel vous avez
          ni ajouté quoi que ce soit au } fait un prélèvement.

Le lait prélevé provient de la traite d'une seule ou de X (*nombre*) de vaches, de telles races si possible. Les vaches se trouvent dans une même étable située à   . Mes vaches sont traites (*nombre de fois*) par jour à X heures. Le lait prélevé a été trait par (*nom de la personne ou des personnes qui ont trait*). Mes vaches sont à la stabulation, à l'étable, ou bien sont aux champs.

Je leur donne comme nourriture   et comme boisson   . Elles ne sont pas malades. Si elles sont malades, un vétérinaire a-t-il été appelé ? Elles ne travaillent pas.

X (*nombre*) sont fraîchement vêlées. X (*nombre*) sont à fin de lait. X (*nombre*) sont pleines.

Mes vaches fournissent en moyenne X litres de lait par jour. Je le destine tout au commerce ou j'en garde X litres pour ma consommation personnelle.

Les pots ont été rincés par
X s'occupe seul du commerce de lait.

(1) Circulaire du 5 juillet 1908.

Préfecture d ....

RÉPRESSION DES FRAUDES

(Loi du 1er août 1905 et décret du 31 juillet 1906)

N° ....

Prélevé le .... 19 , sous le N° ....

quatre échantillons d ....

chez ....

La valeur déclarée de ces quatre échantillons est de Fr. ....

A .... , le 19

L'Agent verbalisateur.

Préfecture d ....

RÉPRESSION DES FRAUDES

(Loi du 1er août 1905 et décret du 31 juillet 1906.)

N° ....

Prélèvement de ....

sous le N° ....

chez ....

Valeur déclarée : Fr. 19

Le ....

F. — Mise en demeure. — Valeur de la marchandise

Aussitôt après avoir scellé les échantillons, l'agent verbalisateur, s'il est en présence du propriétaire ou du détenteur de la marchandise, doit le mettre en demeure de déclarer la valeur des échantillons prélevés.

Le procès-verbal mentionne cette mise en demeure et la réponse qui a été faite.

Un récépissé détaché d'un livre à souche est remis au propriétaire ou détenteur de la marchandise.

Il y est fait mention de la valeur déclarée.

En cas de prélèvement en cours de route, le représentant de l'entreprise de transport reçoit pour sa décharge un récépissé indiquant la nature et la quantité des marchandises prélevées. (Décret du 31 juillet 1906, art. 9.)

Les termes de cet article sont assez clairs pour qu'il n'y ait point besoin de les commenter. Nous donnons seulement ci-contre le modèle du récépissé détaché du livret à souche et remis au propriétaire ou détenteur de la marchandise.

G. — Transmission du procès-verbal et des échantillons

Le procès-verbal et les échantillons sont, dans les vingt-quatre heures, envoyés par l'agent verbalisateur à la préfecture du département où le prélèvement a été effectué et, à Paris ou dans le ressort de la préfecture de police, au préfet de police [1].

Toutefois, en vue de faciliter l'application de la loi, des décisions ministérielles pourront autoriser l'envoi des échantillons aux sous-préfectures ou à tout autre service administratif.

Le service administratif qui reçoit ce dépôt l'enregistre, inscrit le numéro d'entrée sur les deux parties de l'étiquette que porte chaque échantillon et, dans les vingt-quatre heures, transmet l'un de ces échantillons au laboratoire dans le ressort duquel le prélèvement a été effectué.

[1] On ne peut considérer comme nul le procès-verbal de prélèvement qui n'a pas été transmis à la préfecture dans le délai prescrit à l'article 10 du décret du 31 juillet 1906, s'il n'est pas établi qu'une confusion s'étant produite, les échantillons prélevés chez l'inculpé ne sont pas ceux qui ont fait l'objet des analyses administratives ou judiciaires. (Décret du 31 juillet 1906, art. 10; C. Orléans, 1er décembre 1908 : Dalloz, 1909, 2e partie, p. 46.)

Le talon seul suit l'échantillon au laboratoire.

Le volant, préalablement détaché, est annexé au procès-verbal (¹).

Les trois autres échantillons sont conservés par la préfecture.

Toutefois, si la nature des denrées ou produits exige des mesures spéciales de conservation, les quatre échantillons sont envoyés au laboratoire, où ces mesures sont prises conformément aux arrêtés ministériels prévus à l'article 7. Dans ce cas, les quatre volants sont détachés des talons et annexés au procès-verbal. » (Art. 10 du décret du 31 juillet 1906.)

§ III. — Du prélèvement d'échantillons de comparaison.

Dans une circulaire du 5 juillet 1908, M. le ministre de l'Agriculture recommande expressément aux préfets de faire procéder au prélèvement d'échantillons de comparaison, chaque fois que la chose sera possible (²).

C'est que l'utilité de ce prélèvement est aujourd'hui universellement reconnue. Sa légalité n'est point contestée.

Il peut constituer, tant pour le chimiste, au moment de l'analyse préalable, que pour l'expert, au moment de l'analyse contradictoire, s'il échet d'y procéder, une base sérieuse d'appréciation, capable même, souvent, de leur permettre d'affirmer ou de nier la fraude avec certitude.

Il est la meilleure garantie du commerce honnête qui ne craint pas que la lumière se fasse sur le produit dont il fait négoce et permet, en outre, d'établir d'une façon certaine à qui incombe la responsabilité du délit commis.

(¹) Peu importe que le volant de l'étiquette ne se soit pas trouvé annexé au procès-verbal de prélèvement, s'il a été ultérieurement rétabli au dossier, ou le prévenu et son défenseur ont pu en prendre communication et si l'arrêt attaqué ajoute qu'aucun doute n'a pu exister sur l'authenticité des échantillons prélevés et l'identité de la marchandise (Décret du 31 juillet 1906, art. 10; C. Orléans, 1ᵉʳ décembre 1908 : Dalloz, 1909, 2ᵉ partie, p. 46.)

(²) « En raison de l'intérêt que présentent les prélèvements de comparaison (qui ne doivent pas être confondus avec des actes d'instruction proprement dits), je ne saurais trop vous recommander d'y faire procéder chaque fois que la chose sera possible. Dans ce cas, il est indispensable de signaler aux laboratoires quels sont les échantillons à comparer, ainsi que les conditions dans lesquelles ils ont été prélevés, en indiquant, par exemple, qu'ils proviennent de deux établissements différents. » (Extrait de la circulaire du ministre de l'Agriculture du 5 juillet 1908, voir p. 136.)

Mais, pour qu'il soit réellement utile, il est absolument nécessaire que l'agent qui procède à son prélèvement agisse,
non seulement avec beaucoup de prudence et d'habileté, mais
aussi dans la plupart des cas avec une extrême rapidité.

Il arrive en effet parfois, ainsi que l'a constaté M. Noulens,
dans un rapport présenté à la Chambre des députés [1], que,
pour une même affaire, les échantillons doivent être prélevés
aux points suivants :

1° Échantillons pris sur les laits livrés par les cultivateurs
aux dépôts des sociétés laitières. Les pots sont déposés dans
la campagne, à des endroits déterminés, sur le passage des
voitures de ramassage. C'est là que les prélèvements doivent
être effectués ;

2° Échantillons prélevés aux dépôts ; ils représentent la
moyenne de composition des laits ramassés dans le rayon du
dépôt ;

3° Échantillons prélevés sur le quai d'embarquement ou à
l'arrivée à Paris ; ils représentent la moyenne de composition
des laits expédiés à Paris ;

4° Échantillons prélevés sur les voitures des garçons livreurs,
sur le parcours de leur itinéraire de livraison dans Paris ;

5° Échantillons prélevés sur les pots encore pourvus des
cachets des fournisseurs, à la porte ou dans la boutique du
détaillant ;

---

[1] Extrait du rapport de M. Noulens, député, sur le budget du ministère
de l'Agriculture (*Bull. de la Rép. des fraudes*, n° 14) :

« La carte du bassin laitier de Paris a été dressée. Elle comprend les
départements suivants, dans lesquels se fait l'approvisionnement de Paris :
Seine-et-Oise, Seine-et-Marne, Yonne, Aisne, Aube, Loir-et-Cher, Somme,
Loiret, Eure-et-Loir, Eure, Seine-Inférieure, Oise et Marne.

« Plusieurs agents du service de Paris, ainsi que l'agent syndical des
crémiers de Paris, ont été commissionnés par les préfets de ces départements pour pouvoir prélever, à l'endroit convenable, les échantillons de
lait destiné à la consommation parisienne. Grâce aux fonds de concours
donnés par ce syndicat (1.200 francs), ainsi que par la chambre syndicale
de la laiterie en gros (6.500 francs), le service de Paris dispose d'une auto-
mobile qui lui permet de se transporter rapidement sur les lieux d'approvisionnement et de revenir à Paris, avant même l'arrivage par chemin de
fer des laits dont les échantillons-types ont été prélevés sur place.

« Cette organisation a été décrite à la récente Exposition internationale
de laiterie de Budapest, et le jury vient de lui décerner le grand prix. »

6° Enfin, échantillons prélevés dans les bassines ou les pots en cours de débit.

Le prélèvement de comparaison opéré à l'étable ne demande pas moins de soins et de tact de la part de l'agent de prélèvement. « Le prélèvement d'un lait de traite, disent MM. Monier, Chesnay et Roux ([1]), constitue une opération assez grave pour n'être jamais faite légèrement. Il importe, d'abord, que l'intéressé ne soit jamais prévenu de l'arrivée des agents ou de l'expert, car diverses manœuvres, dont nous n'indiquerons que les plus connues, permettent d'obtenir frauduleusement un lait pauvre en extrait et très pauvre en beurre (salage des aliments, boissons tièdes plusieurs heures à l'avance, coups de bâtons distribués aux animaux pour les ramener à retenir le lait, introduction frauduleuse d'eau dans les récipients). On devra veiller à ce qu'aucune supercherie ne fausse l'expérience, à la vacuité préalable des récipients, à l'intégrité de la traite notamment. »

Quoi qu'il arrive, et malgré les difficultés qui pourraient se présenter, nous ne saurions trop recommander aux inspecteurs des fraudes d'essayer d'obtenir des échantillons de comparaison.

Ils n'oublieront pas que les règles édictées par le décret du 31 juillet 1906, quant au nombre d'échantillons à prélever ([2]), à la façon de procéder, à la mise sous scellés, à la rédaction du procès-verbal, à la mise en demeure, sont aussi bien applicables à la prise d'échantillons de comparaison qu'au prélèvement originaire, et ils devront veiller à leur rigoureuse observation.

Si le lait type se trouve dans un des lieux énumérés à l'article 4 du décret du 31 juillet 1906, aucune difficulté ne saurait se présenter, puisqu'ils ont le droit d'y pénétrer toujours, en tout état de cause, pour y opérer *d'office*.

([1]) *Traité des fraudes*, t. I, n° 1280.
([2]) La circulaire du ministre de l'Agriculture adressée aux préfets le 26 février 1907 est applicable en l'espèce: les agents pourront donc laisser à l'intéressé un cinquième échantillon sur sa demande expresse, mais sous réserve de se conformer strictement aux instructions de ladite circulaire.

Si, au contraire, le prélèvement d'échantillons de comparaison doit porter sur un lait de traite, c'est-à-dire, à l'étable même, chez le producteur, la chose sera plus délicate et les inspecteurs ne pourront y procéder que sur la demande de celui-ci, ou tout au moins avec son assentiment.

Si celui-ci est honnête, il est bien certain qu'il ne manquera pas de solliciter lui-même cette mesure ou tout au moins d'y consentir; mais s'il venait à s'y opposer, les agents n'auraient qu'à se retirer et à mentionner dans leur procès-verbal le refus dont ils ont été l'objet.

§ IV. — Force probante des procès-verbaux.

Suivant le droit commun, les procès-verbaux des agents de l'autorité à qui la loi confère le pouvoir de constater des infractions font à cet égard foi jusqu'à preuve contraire. Il y a lieu, en conséquence, d'attacher une présomption légale de vérité aux procès-verbaux des autorités qualifiées par les décrets pour rechercher et constater les infractions à la loi du 1er août 1905 (POPINEAU, *Lois nouvelles*, 1907, p. 595).

Rédaction séance tenante. — De même on ne peut annuler les procès-verbaux de prélèvement, sous prétexte qu'il porte une date différente de celle ou le prélèvement a réellement été effectué, si l'inexactitude de la date est involontaire et s'il n'est pas prouvé que les échantillons soumis à l'expertise ne sont pas les mêmes que les échantillons prélevés (décret du 31 juillet 1906, art. 6) (¹).

(¹) C. Orléans, 1er décembre 1908 : Dalloz, 1909, 2e partie, p. 46.

CHAPITRE VII

DE L'ANALYSE PRÉALABLE OU ANALYSE ADMINISTRATIVE

L'analyse préalable est confiée aux laboratoires administratifs admis à y procéder et dont le fonctionnement est réglé au titre II du décret du 31 juillet 1906 (¹).

(¹) Titre II. — *Fonctionnement des laboratoires.* — Art. 12. — Des arrêtés ministériels pris de concert entre le ministre de l'Agriculture et le ministre du Commerce, de l'Industrie et du Travail, déterminent le ressort des laboratoires admis à procéder à l'analyse des échantillons.

Pour l'examen des échantillons, les laboratoires ne peuvent employer que les méthodes indiquées par la commission permanente.

Ces analyses sont à la fois d'ordre qualitatif et quantitatif. L'examen comprend notamment les recherches microscopiques, spectroscopiques, polarimétriques, réfractométriques, cryoscopiques, susceptibles de fournir des indications sur la pureté des produits, la recherche des antiseptiques et des colorants étrangers.

Ces méthodes sont décrites en détail par des arrêtés pris de concert entre le ministre de l'Agriculture et le ministre du Commerce, de l'Industrie et du Travail, après avis de la commission permanente.

Art. 13. — Le laboratoire qui a reçu pour analyse un échantillon dresse, dans les huit jours de la réception, un rapport où sont consignés les résultats de l'examen et des analyses auxquels cet échantillon a donné lieu.

Ce rapport est adressé au préfet du département d'où provient l'échantillon ; à Paris et dans le ressort de la préfecture de police, le rapport est adressé au préfet de police.

Art. 14. — Si le rapport du laboratoire ne révèle aucune infraction à la loi du 1er août 1905, le préfet en avise sans délai l'intéressé.

Dans ce cas, si le remboursement des échantillons est demandé, il s'opère d'après leur valeur au jour du prélèvement, aux frais de l'État, au moyen d'un mandat délivré par le préfet, sur représentation du récépissé prévu à l'article 9.

Art. 15. — Dans le cas où le rapport du laboratoire signale une infraction à la loi du 1er août 1905, le préfet transmet sans délai ce rapport au procureur de la République.

Il y joint le procès-verbal et les trois échantillons réservés.

S'il s'agit de vins, bières, cidres, alcools ou liqueurs, avis doit être

C'est à ces laboratoires qu'il appartient de trier les échantillons qui leur sont soumis et de rechercher parmi tant de prélèvements opérés, souvent au hasard, la fraude ou, pour être plus exact, le soupçon de fraude et le dénoncer ([1]).

L'échantillon leur paraît-il normal, c'est le remboursement immédiat à l'intéressé de la valeur du produit prélevé (art. 14 du décret du 31 juillet 1906).

Leur paraît-il suspect, au contraire, c'est la transmission des conclusions de leur analyse, du procès-verbal de prélèvement et des trois autres échantillons, par le préfet au procureur de la République (art. 15 du même décret).

Cette transmission, c'est la mise en branle immédiate de la justice.

L'on conçoit dès lors toute l'importance du rôle joué par l'analyse préalable dans l'application de la loi du 1er août 1905 ([2]).

donné par le préfet au directeur des contributions indirectes du département.

ART. 16. — Des arrêtés ministériels, pris de concert entre le ministre de l'Agriculture et le ministre du Commerce, de l'Industrie et du Travail, déterminent dans quelle forme les laboratoires doivent rendre compte périodiquement aux préfets du nombre des échantillons analysés, du résultat de ces analyses, et signaler les nouveaux procédés de fraude révélés par l'examen des échantillons.

([1]) « 1° Partout où les prélèvements sont opérés indifféremment sur toutes les boissons et denrées alimentaires, au hasard, en manière de contrôle, on constate une amélioration importante de la qualité moyenne de ces produits. Le nombre des échantillons suspects est ainsi *descendu de 18,3 à 10,4 pour cent prélèvements*. Même sans agents spéciaux de prélèvement, l'application de la loi donne de bons résultats.

« 2° Dans les départements où la moyenne dont il s'agit a suivi au contraire une marche ascendante, c'est que des efforts ont été faits pour arriver à ne prélever que des produits déjà douteux. A mesure que l'organisation du service se perfectionne, à Paris, par exemple, le rendement s'élève, et l'on pourrait citer comme preuve de cette observation l'exemple de l'un des commissaires-inspecteurs de Paris dont presque tous les prélèvements de vin, depuis plus d'un an, ont abouti à des condamnations. » (Extrait du rapport de Noulens, déjà cité.)

([2]) La prescription impérative et absolue de l'article 12 de la loi du 1er août 1905, aux termes duquel « toutes les expertises nécessitées par l'application de la présente loi seront contradictoires », n'est applicable qu'à l'expertise qui est réclamée par l'auteur présumé de la fraude et ne vise pas l'analyse préalable à laquelle il est procédé pour vérifier si la marchandise saisie est ou non falsifiée (Criminelle, 5 juin 1908 : D., 1909, 1re partie, p. 167).

Une lourde responsabilité pèse donc sur les directeurs des laboratoires chargés de procéder à cette analyse et qui doivent allier la sévérité ([1]) à l'extrême prudence : la sévérité, parce que tout échantillon fraudé qu'ils laisseraient passer serait irrémédiablement perdu ; la prudence, parce que toute conclusion à une anormalité de l'échantillon examiné sera suffisante à justifier l'intervention de la justice.

Et pourtant il ne faudrait pas se méprendre sur la valeur de l'analyse administrative. D'aucuns, dès l'origine, ont pu penser qu'elle constituait une véritable expertise, alors qu'en réalité elle n'a la valeur que d'un simple renseignement.

Simple renseignement qui peut, malheureusement trop souvent, avoir des conséquences fâcheuses pour le commerce honnête, victime alors d'un produit aussi déconcertant et subordonné parfois aux caprices les plus extravagants de la nature.

Il faut avoir été l'écho des doléances des directeurs des laboratoires administratifs, pour savoir combien, pénétrés de leur mission, inquiets même sur les conséquences possibles de leur appréciation, ils se lamentent de n'avoir en la matière, le plus souvent, que des renseignements tout à fait insuffisants ([2]).

Ces doléances ont, du reste, trouvé un écho auprès du

[1] *Extrait de la circulaire du ministre de l'Agriculture aux directeurs de laboratoire du 20 février 1907* :

« Les directeurs des laboratoires peuvent apporter une grande sévérité dans leurs jugements, puisque, d'une part, tout échantillon fraudé qu'ils laisseraient passer ne pourrait plus être incriminé, et que, d'autre part, nulle condamnation ne saurait résulter injustement de leur appréciation ; la réalité du délit ne peut être établie que par l'expertise contradictoire ultérieure, laquelle est faite dans des conditions qui donnent toute garantie aux intéressés. »

[2] L'échantillon soumis à l'analyse administrative ne porte que le talon de l'étiquette dont le volant reste annexé au procès-verbal de prélèvement conservé par le service administratif. Sur ce talon figurent seulement les renseignements suivants :

1° Nom du département ;
2° Dénomination du produit ;
3° Date du prélèvement ;
4° Numéro d'inscription du service administratif.

ministère de l'Agriculture, qui, dans une circulaire du 5 juillet 1908, recommande expressément aux agents de prélèvement de combler cette lacune ([1]).

Recommandation qui ne saurait être trop souvent répétée puisqu'elle aura, si elle est suivie, la double conséquence d'empêcher le fraudeur de se soustraire à la loi et de mettre le commerce honnête à l'abri de vexations inutiles.

Nous aurions pu nous dispenser de parler de l'analyse administrative. Si nous l'avons fait, c'est pour bien montrer quelle influence pouvait avoir sur elle un prélèvement bien ou mal opéré, et cela suffit à faire comprendre à ceux qui ont la charge d'y procéder toute l'importance de leur mission.

([1]) *Extrait de la circulaire du ministre de l'Agriculture aux préfets du 5 juillet* 1908 :

« Mon attention a été appelée sur l'insuffisance des renseignements fournis en général aux laboratoires de la répression des fraudes, en ce qui concerne la nature des échantillons soumis à leur examen.

« Des renseignements précis à cet égard donnent au directeur du laboratoire la possibilité de reconnaître par comparaison la fraude avec certitude. Ils permettent en outre de discerner ultérieurement à qui incombe la responsabilité du délit commis.

« Ces observations visent tous les produits, notamment le vin et le lait.

« Pour ce dernier, il est en outre important d'indiquer au laboratoire si l'échantillon prélevé provient d'une seule étable, de la traite du matin ou du soir ou s'il s'agit d'un lait moyen obtenu par ramassage dans une région déterminée. »

CHAPITRE VIII

RÉGLEMENTATION

C'est en 1857, dit de Brévans, que le Conseil d'hygiène et de salubrité du département de la Seine institua une Commission pour étudier le commerce du lait à Paris et peser les bases d'une réglementation. La Commission a été d'avis — nous citons textuellement une partie des considérants — « que la science est suffisamment fixée sur la composition du lait pur et sur les variations que cette composition peut éprouver suivant les provenances du lait, suivant les saisons et les diverses causes naturelles qui peuvent la modifier, pour éclairer l'administration ;

« Que la science possède des moyens de constater les fraudes dont le lait peut être l'objet, mais qu'il est inutile de publier une instruction générale et officielle sur les essais du lait, et que cette publication aurait les mêmes inconvénients réels ;

« Que les marchands de lait peuvent soumettre le lait qui leur est livré par des producteurs à un contrôle suffisant pour se mettre à l'abri des poursuites imméritées, et que, d'ailleurs, la marque d'origine leur offrirait un moyen de faire remonter la responsabilité des fraudes à leurs véritables auteurs ;

« Enfin la commission croit devoir déclarer qu'elle considère comme un devoir pour les experts chargés de reconnaître les falsifications du lait, de ne prendre aucune conclusion, quand il s'agit d'appeler sur les prévenus les sévérités de la loi, sans avoir soumis chaque échantillon à une analyse complète et sans avoir discuté tous les résultats de cette analyse. »

(15 mai 1857 ; le secrétaire, Trébuchet.) On dirait ces conclusions écrites d'hier ; elles sont toujours d'actualité.

§ 1. — Composition moyenne du lait normal.

A la suite d'une consultation, la commission du Conseil d'hygiène et de salubrité écrit, le 21 août 1857, au préfet de police pour lui dire qu'elle a dû considérer la composition du lait et ses variations extrêmes non pas d'une manière absolue, mais au point de vue du commerce et de l'alimentation publique ; elle fait en outre observer que le lait livré au commerce et expédié dans des wagons de chemins de fer, par des marchands en gros, est le produit du mélange de laits d'origine diverse et qu'il doit présenter une composition moyenne.

Analysé par un grand nombre de savants, tels que Boussingault et Lebel, Quevenne, Lyon, Playfaie, Schubler, Vernois et Becquerel, Joly et Filhol, le lait normal recueilli à Paris, dans une vacherie, soit autour de Paris, à 6 lieues à la ronde, n'a pas présenté de grandes variations quant à l'âge et au régime des animaux.

« Il résulte en outre des analyses de MM. Chevalier et Henry, Hailden, Lecanu, Simon, Doyère, Poggiale, qui ont opéré sur des laits recueillis dans des conditions ordinaires tant en France qu'en Allemagne et en Angleterre, que la composition du lait normal peut être représentée par les chiffres suivants » (Extrait du rapport de Trébuchet au Conseil d'hygiène) :

COMPOSITION EN 100 PARTIES	EAU	MATIÈRES FIXES en totalité	CASÉINE	BEURRE	LACTINE	EXTRAITS et SELS
Moyenne......	86,67	13,33	4,88	3,45	4,44	0,66
Maximum.....	87,60	14,30	7,20	4,38	5,95	0,75
Minimum......	84,80	12,40	3,00	2,75	2,80	0,60

Tout lait dont les éléments sont au-dessus de ce minimum est *à priori* pur et non écrémé.

L'adoption des moyennes 13 0/0 pour l'extrait total, 4 0/0 pour la matière grasse et 9 0/0 pour l'extrait dégraissé peut conduire, d'après Monvoisin, « à considérer comme falsifié un lait naturel, mais pauvre et à déclarer bon un lait riche, mais ramené d'une façon savante à cadrer avec le lait type ».

POSTFACE

Nous arrêterons là ces notes sur le lait, notes que nous avons puisées en partie à des sources autorisées, et nous dirons, avec M. H. de Rothschild, vice-président de la Ligue contre la mortalité infantile, « qu'un contrôle rigoureux et une méthode de comptabilité spéciale peuvent permettre aux détaillants de ne vendre qu'un lait intégral et non frelaté.

« La grosse question est que le fournisseur en gros soit intéressé à ne pas laisser frauder ses clients de détail qui trouvent, en général, dans le mouillage et dans l'écrémage du lait, le plus clair de leurs bénéfices. »

L'analyse chimique qui fait découvrir les fraudes grossières est incapable de nous dire si le lait provient de femelles nourries avec des feuilles de betteraves ou des produits avariés.

Néanmoins les laboratoires sont nécessaires, car ils doivent faire fonction de gendarmes en réprimant les écarts et les fautes commises. Mais c'est à la source de production qu'il faut aller ; il faut savoir la capter, afin d'être certain ensuite d'une bonne canalisation et d'une heureuse distribution.

Le Professeur Porcher, dans un récent mémoire communiqué à l'Institut Pasteur, préconise, en effet, la surveillance des étables et la création de vacheries modèles où seraient appliqués les procédés les plus modernes de la traite et de la manipulation du lait.

La chimie ne peut en effet seule résoudre un problème exclusivement biologique ; à moins cependant qu'elle ne veuille établir, avec le Professeur Bordas, la pasteurisation obligatoire à 82° de tous les laits de fermes de France, température qui, pratiquée après la traite, détruirait toutes les toxines et écarterait tout danger (¹). On ne réserverait la surveillance sanitaire spéciale, étroite même, que pour les vacheries vendant exclusivement du lait destiné à être consommé cru.

En attendant l'adoption de cette mesure que nous croyons salutaire, ayons des étables propres, aérées, des bêtes en bonne santé, bien nourries, un lait maintenu aseptique depuis sa sortie de la mamelle jusqu'à l'arrivée chez le consommateur, et nous pourrons alors donner au public une nourriture saine, alibile, reconstituante et non frelatée.

(¹) Société de médecine publique, réunion sanitaire tenue à l'Institut Pasteur, novembre 1911.

CHAPITRE IX

STATISTIQUE

« L'examen des résultats consignés au tableau ci-dessous montre combien les falsifications sont fréquentes en matière de lait. Il est malheureusement probable que si les laits paraissent être de meilleure qualité dans l'ensemble du pays que dans les départements cités sur ce tableau, cela tient seulement à ce que les agents de prélèvement y ont opéré au hasard, tandis que dans ces derniers départements des efforts sérieux ont été faits pour ne saisir que des produits suspects. » (Rapport Noulens, déjà cité.)

DÉPARTEMENTS	1907		1908		1909 (1er semestre)	
	NOMBRE des échantillons	0/0 de suspects	NOMBRE des échantillons	0/0 de suspects	nombre des échantillons	0/0 de suspects
Ain	16	13,3	8	15,6	58	20
Allier	42	11,9	118	11	124	23,3
Ardennes..........	30	30	84	26,2	39	58,9
Aube.............	114	36,8	48	29	65	38,4
Bouches-du-Rhône..	29	31	211	36,9	179	34,6
Cantal............	22	0	80	7,5	46	23,9
Charente..........	39	12,8	146	12,3	50	26
Eure	17	11,7	127	28,3	65	26,1
Eure-et-Loir.......	68	10,3	126	11,9	110	22,7
Gironde...........	110	45,4	237	21,5	255	29,8
Isère.............	30	26,6	120	30,8	60	26
Jura.............	60	38,3	86	17	95	28,4
Lozère...........	6	16,6	25	52	48	25
Marne...........	40	12,5	67	8,9	118	26,2
Meurthe-et-Moselle .	90	32,2	195	37	105	47,6
Seine-Inférieure.....	80	22,5	335	26,2	160	26
Seine-et-Oise	98	22,4	177	32,2	97	33
Vosges...........	125	16	143	12,5	37	86,4
Autres départements	4.593	31,2	11.249	19,2	5.783	20,5
Totaux et moyennes	5.609	29,6	13.657	20	7.494	22,2
Seine..............	2.497	48,3	3.847	26,4	2.623	31,8

CHAPITRE X

LÉGISLATION

Loi du 1er août 1905. — Décret du 31 juillet 1906. — Circulaire du ministre de l'Agriculture du 14 janvier 1910. — Circulaire du 20 février 1907. — Circulaire sur l'organisation et le fonctionnement du service des prélèvements (26 février 1907). — Circulaire du 12 mars 1907. — Circulaire du 5 juillet 1908. — Arrêté du 9 mars 1907. — Circulaire du ministre de la Justice du 29 septembre 1908. — Circulaire du 4 février 1910. — Arrêté du 19 juillet 1907 sur les méthodes d'analyses.

Loi du 1er août 1905 sur la répression des fraudes dans la vente des marchandises et des falsifications des denrées alimentaires et des produits agricoles.

Le Sénat et la Chambre des députés ont adopté,

Le Président de la République promulgue la loi dont la teneur suit :

ARTICLE PREMIER. — Quiconque aura trompé ou tenté de tromper le contractant :

Soit sur la nature, les qualités substantielles, la composition et la teneur en principes utiles de toutes marchandises ;

Soit sur leur espèce ou leur origine lorsque, d'après la convention ou les usages, la désignation de l'espèce ou de l'origine faussement attribuées aux marchandises devra être considérée comme la cause principale de la vente ;

Soit sur la quantité des choses livrées ou sur leur identité par la livraison d'une marchandise autre que la chose déterminée qui a fait l'objet du contrat ;

Sera puni de l'emprisonnement, pendant trois mois au moins, un an au plus, et d'une amende de 100 francs au moins, de 5.000 francs au plus, ou de l'une de ces deux peines seulement.

ART. 2. — L'emprisonnement pourra être porté à deux ans, si le délit ou la tentative de délit prévus par l'article précédent ont été commis :

Soit à l'aide de poids, mesures et autres instruments faux ou inexacts ;

Soit à l'aide de manœuvres ou procédés tendant à fausser les opérations de l'analyse ou du dosage, du pesage ou du mesurage, ou bien à modifier frauduleusement la composition, le poids ou le volume des marchandises, même avant ces opérations ;

Soit enfin, à l'aide d'indications frauduleuses tendant à faire croire à une opération antérieure et exacte.

ART. 3. — Seront punis des peines portées par l'article 1er de la présente loi :

1° Ceux qui falsifieront des denrées servant à l'alimentation de l'homme ou des animaux, des substances médicamenteuses, des boissons et des produits agricoles ou naturels destinés à être vendus ;

2° Ceux qui exposeront, mettront en vente ou vendront des denrées servant à l'alimentation de l'homme ou des animaux, des boissons et des produits agricoles ou naturels qu'ils sauront être falsifiés ou corrompus ou toxiques ;

3° Ceux qui exposeront, mettront en vente ou vendront des substances médicamenteuses falsifiées ;

4° Ceux qui exposeront, mettront en vente ou vendront, sous forme indiquant leur destination, des produits propres à effectuer la falsification des denrées servant à l'alimentation de l'homme ou des animaux, des boissons et des produits agricoles ou naturels et ceux qui auront provoqué à leur emploi par le moyen de brochures, circulaires, prospectus, affiches, annonces ou instructions quelconques.

Si la substance falsifiée ou corrompue est nuisible à la santé de l'homme ou des animaux, ou si elle est toxique, de même si la substance médicamenteuse falsifiée est nuisible à la santé de l'homme ou des animaux, l'emprisonnement devra être appliqué. Il sera de trois mois à deux ans et l'amende de 500 francs à 10.000 francs.

Ces peines seront applicables, même au cas où la falsification nuisible serait connue de l'acheteur ou du consommateur.

Les dispositions du présent article ne sont pas applicables aux fruits frais et légumes frais fermentés ou corrompus.

ART. 4. — Seront punis d'une amende de 50 francs à 3.000 francs et d'un emprisonnement de six jours au moins et de trois mois au plus, ou de l'une de ces deux peines seulement :

Ceux qui, sans motifs légitimes, seront trouvés détenteurs dans leurs magasins, boutiques, ateliers, maisons ou voitures servant à leur commerce ainsi que dans les entrepôts, abattoirs et leurs dépendances et dans les gares ou dans les halles, foires et marchés :

Soit de poids ou mesures faux ou autres appareils inexacts servant au pesage ou au mesurage des marchandises ;

Soit de denrées servant à l'alimentation de l'homme ou des animaux, de boissons, de produits agricoles ou naturels qu'ils savaient être falsifiés, corrompus ou toxiques ;

Soit de substances médicamenteuses falsifiées ;

Soit de produits, sous forme indiquant leur destination, propres à effectuer la falsification des denrées servant à l'alimentation de l'homme ou des animaux, ou des produits agricoles ou naturels ;

Si la substance alimentaire falsifiée ou corrompue est nuisible à la santé de l'homme ou des animaux ou si elle est toxique, de même si la substance médicamenteuse falsifiée est nuisible à la santé de l'homme ou des animaux, l'emprisonnement devra être appliqué.

Il sera de trois mois à un an et l'amende de 100 à 5.000 francs.

Les dispositions du présent article ne sont pas applicables aux fruits frais et légumes frais fermentés ou corrompus.

ART. 5. — Sera considéré comme étant en état de récidive légale quiconque, ayant été condamné par application de la présente loi ou par application des lois sur les fraudes dans la vente :

1° Des engrais (loi du 4 février 1888) ;

2° Des vins, cidres et poirés (lois des 14 août 1889, 11 juillet 1891, 24 juillet 1894, 6 avril 1897) ;

3° Des sérums thérapeutiques (loi du 25 avril 1895) ;

4° Des beurres (loi du 16 avril 1897) ;

5° De la saccharine (art. 49 et 53 de la loi du 30 mars 1902) ;

6° Des sucres (loi du 28 janv. 1903, art. 7 ; loi du 31 mars 1903, art. 32) ; aura, dans les cinq ans qui suivront la date à laquelle cette condamnation sera devenue définitive, commis un nouveau délit tombant sous l'application de la présente loi ou des lois susvisées.

Au cas de récidive, les peines d'emprisonnement et d'affichage devront être appliquées.

ART. 6. — Les objets dont la vente, usage ou détention constituent le délit, s'ils appartiennent encore au vendeur ou détenteur, seront confisqués ; les poids et autres instruments de pesage, mesurage ou dosage, faux ou inexacts, devront être aussi confisqués et, de plus, seront brisés.

Si les objets confisqués sont utilisables, le tribunal pourra les mettre à la disposition de l'Administration, pour être attribués aux établissements d'assistance publique.

S'ils sont inutilisables ou nuisibles, les objets seront détruits ou répandus aux frais du condamné.

Le tribunal pourra ordonner que la destruction ou effusion aura lieu devant l'établissement ou le domicile du condamné.

ART. 7. — Le tribunal pourra ordonner, dans tous les cas, que le jugement de condamnation sera publié intégralement ou par extraits dans les journaux qu'il désignera et affiché dans les lieux qu'il indiquera, notamment aux portes du domicile, des magasins, usines et ateliers du condamné, le tout aux frais du condamné, sans toutefois que les frais de cette publication puissent dépasser le maximum de l'amende encourue.

Lorsque l'affichage sera ordonné, le tribunal fixera les dimensions de l'affiche et les caractères typographiques qui devront être employés pour son impression.

En ce cas et dans tous les autres cas où les tribunaux sont autorisés à ordonner l'affichage de leur jugement à titre de pénalité pour la répression des fraudes, ils devront fixer le temps pendant lequel cet affichage devra être maintenu sans que la durée en puisse excéder sept jours.

Au cas de suppression, de dissimulation ou de lacération totale ou partielle des affiches ordonnées par le jugement de condamnation, il sera procédé de nouveau à l'exécution intégrale des dispositions du jugement relatives à l'affichage.

Lorsque la snppression, la dissimulation ou la lacération totale ou partielle aura été opéré volontairement par le condamné, à son instigation ou par ses ordres, elle entraînera contre celui-ci l'application d'une peine d'amende de 50 francs à 1.000 francs.

La récidive de suppression, de dissimulation ou de lacération volontaire d'affiches par le condamné, à son instigation ou par ses ordres, sera punie d'un emprisonnement de six jours à un mois et d'une amende de 100 francs à 2.000 francs.

Lorsque l'affichage aura été ordonné à la porte des magasins du condamné, l'exécution du jugement ne pourra être entravée par la vente du fonds de commerce réalisée postérieurement à la première décision qui a ordonné l'affichage.

Art. 8. — Toute poursuite exercée en vertu de la présente loi devra être continuée et terminée en vertu des mêmes textes.

L'article 463 du Code pénal sera applicable, même au cas de récidive, aux délits prévus par la présente loi.

Le tribunal, en cas de circonstances atténuantes, pourra ne pas ordonner l'affichage et ne pas appliquer l'emprisonnement.

Le sursis à l'exécution des peines d'amende édictées par la présente loi ne pourra être prononcé en vertu de la loi du 26 mars 1891.

Art. 9. — Les amendes prononcées en vertu de la présente loi seront réparties d'après les règles tracées à l'article 11 de la loi de finances du 26 décembre 1890, modifiée par l'article 45 de la loi de finances du 29 avril 1893 et par l'article 83 de la loi de finances du 13 avril 1898.

Les délinquants condamnés aux dépens auront à acquitter, de ce chef, en dehors des frais ordinaires et au profit des communes, les frais d'expertise engagés par ces dernières lorsqu'elles auront pris l'initiative de déceler la fraude et d'en saisir la justice (laboratoires municipaux).

La Commission départementale peut, sur la proposition du préfet, accorder aux communes qui auront organisé une police municipale alimentaire des subventions prélevées sur le reliquat disponible du fonds commun.

Art. 10. — En cas d'action pour tromperie ou tentative de tromperie sur l'origine des marchandises, des denrées alimentaires ou des produits agricoles et naturels, le magistrat instructeur ou les tribunaux pourront ordonner la production des registres et documents des diverses administrations et notamment celles des contributions indirectes et des entrepreneurs de transports.

Art. 11. — Il sera statué par des règlements d'administration publique sur les mesures à prendre pour assurer l'exécution de la présente loi, notamment en ce qui concerne :

1° La vente, la mise en vente, l'exposition et la détention des denrées, boissons, substances et produits qui donneront lieu à l'application de la présente loi ;

2° Les inscriptions et marques indiquant soit la composition, soit l'origine des marchandises, soit les appellations régionales et de crus particuliers que les acheteurs pourront exiger sur les factures, sur les emballages ou sur les produits eux-mêmes, à titre de garantie de la part des vendeurs, ainsi que les indications extérieures ou apparentes nécessaires pour assurer la loyauté de la vente et de la mise en vente ;

3° Les formalités prescrites pour opérer des prélèvements d'échantillons et procéder contradictoirement aux expertises sur les marchandises suspectes ;

4° Le choix des méthodes d'analyses destinées à établir la composition, les éléments constitutifs et la teneur en principes utiles des produits ou à reconnaître leur falsification ;

5° Les autorités qualifiées pour rechercher et constater les infractions à la présente loi, ainsi que les pouvoirs qui leur seront conférés pour recueillir des éléments d'information auprès des diverses administrations publiques et des concessionnaires de transports.

Art. 12. — Toutes les expertises nécessitées par l'application de la présente loi seront contradictoires et le prix des échantillons reconnus bons sera remboursé d'après leur valeur le jour du prélèvement.

Art. 13. — Les infractions aux prescriptions des règlements d'administration publique, pris en vertu de l'article précédent, seront punies d'une amende de 16 francs à 50 francs.

Au cas de récidive dans l'année de la condamnation, l'amende sera de 50 francs à 500 francs.

Au cas de nouvelle infraction constatée dans l'année qui suivra la deuxième condamnation, l'amende sera de 500 francs à 1.000 fr. et un emprisonnement de six jours à quinze jours pourra être prononcé.

ART. 14. — L'article 423, le paragraphe 2 de l'article 477 du Code pénal, la loi du 27 mars 1851 tendant à la répression plus efficace de certaines fraudes dans la vente des marchandises, la loi des 5 et 9 mai 1855 sur la répression des fraudes dans la vente des boissons, sont abrogés.

Néanmoins, les incapacités électorales édictées par la loi du 24 janvier 1889 continueront à être appliquées comme conséquence des peines prononcées en vertu de la présente loi.

ART. 15. — Les pénalités de la présente loi et ses dispositions en ce qui concerne l'affichage et les infractions aux règlements d'administration publique rendus pour son exécution sont applicables aux lois spéciales concernant la répression des fraudes dans le commerce des engrais, des vins, cidres et poirés, des sérums thérapeutiques, du beurre et la fabrication de la margarine. Elles sont substituées aux pénalités et dispositions de l'article 423 du Code pénal et de la loi du 27 mars 1851 dans tous les cas où des lois postérieures renvoient aux textes desdites lois, notamment dans les :

Article 1er de la loi du 28 juillet 1824 sur altérations de noms ou suppositions de noms sur les produits fabriqués ;

Articles 1 et 2 de la loi du 4 février 1888 concernant la répression des fraudes dans le commerce des engrais ;

Articles 7 de la loi du 14 août 1889, 2 de la loi du 11 juillet 1891 et 1er de la loi du 24 juillet 1894 relatives aux fraudes commises dans la vente des vins ;

Article 3 de la loi du 25 avril 1895 relative à la vente des sérums thérapeutiques ;

Article 3 de la loi du 6 avril 1897 concernant les vins, cidres et poirés ;

Articles 17, 19 et 20 de la loi du 16 avril 1897 concernant la répression de la fraude dans le commerce du beurre et la fabrication de la margarine.

La pénalité d'affichage est rendue applicable aux infractions prévues et punies par les articles 49 et 53 de la loi de finances du 30 mars 1902, 7 de la loi du 28 janvier 1903, 32 de la loi de finances du 31 mars 1903 et par les articles 2 et 3 de la loi du 18 juillet 1904.

ART. 16. — La présente loi est applicable à l'Algérie et aux colonies.

La présente loi, délibérée et adoptée par le Sénat et par la Chambre des députés, sera exécutée comme loi de l'État.

Fait à Paris, le 1er août 1905.

Émile LOUBET.

Par le Président de la République :

Le ministre de l'Agriculture,
RUAU.

Décret du 31 juillet 1906 portant règlement d'administration publique pour l'application de la loi du 1ᵉʳ août 1905 sur la répression des fraudes et falsifications, en ce qui concerne les boissons, les denrées alimentaires et les produits agricoles.

Le Président de la République française,

Sur le rapport des ministres de la Justice, de l'Intérieur, des Finances, de l'Agriculture et du Commerce, de l'Industrie et du Travail,

Vu la loi du 1ᵉʳ août 1905 sur la répression des fraudes dans la vente des marchandises et des falsifications des denrées alimentaires et des produits agricoles, et notamment l'article 11 ainsi conçu :

« Il sera statué par des règlements d'administration publique sur les mesures à prendre pour assurer l'exécution de la présente loi, notamment en ce qui concerne ;

. . . .

« 3° Les formalités prescrites pour opérer des prélèvements d'échantillons et procéder contradictoirement aux expertises sur les marchandises suspectes ;

« 4° Le choix des méthodes d'analyse destinées à établir la composition, les éléments constitutifs et la teneur en principes utiles des produits ou à connaître leurs falsifications ;

« 5° Les autorités qualifiées pour rechercher et constater les infractions à la présente loi, ainsi que les pouvoirs qui leur seront conférés pour recueillir des éléments d'information auprès des diverses Administrations publiques et des concessionnaires de transport » ;

Le Conseil d'Etat entendu,

Décrète :

TITRE PREMIER

Organisation et fonctionnement du service des prélèvements.

ARTICLE PREMIER. — Le service chargé de rechercher et de constater les infractions à la loi du 1ᵉʳ août 1905 est organisé par l'Etat, avec le concours éventuel des départements et des communes.

Le fonctionnement de ce Service est assuré, sous l'autorité du ministre de la Justice, du ministre de l'Agriculture et du ministre du Commerce, de l'Industrie et du Travail, dans les départements par les préfets, à Paris et dans le ressort de la préfecture de police par le préfet de police.

Art. 2. — Les autorités qui ont qualité pour opérer des prélèvements sont :

Les commissaires de police ;

Les commissaires de la police spéciale des chemins de fer et des ports ;

Les agents des contributions indirectes et des douanes agissant à l'occasion de l'exercice de leurs fonctions ;

Les inspecteurs des halles, foires, marchés et abattoirs.

Les agents des octrois et les vétérinaires sanitaires peuvent être individuellement désignés par les préfets pour concourir à l'application de la loi du 1er août 1905 et commissionnés par eux à cet effet.

Dans le cas où des agents spéciaux seraient institués par les départements ou les communes pour concourir à l'application de ladite loi, ces agents devront être agréés et commissionnés par les préfets.

Art. 3. — Une commission permanente est instituée près les ministères de l'Agriculture et du Commerce, de l'Industrie et du Travail pour l'examen des questions d'ordre scientifique que comporte l'application de la loi du 1er août 1905. Cette commission est obligatoirement consultée pour la détermination des conditions matérielles des prélèvements, l'organisation des laboratoires et la fixation des méthodes d'analyse à imposer à ces établissements.

Art. 4. — Des prélèvements d'échantillons peuvent, en toutes circonstances, être opérés d'office dans les magasins, boutiques, ateliers, voitures servant au commerce, ainsi que dans les entrepôts, les abattoirs et leurs dépendances, les halles, foires et marchés, et dans les gares ou ports de départ et d'arrivée.

Les prélèvements sont obligatoires dans tous les cas où les boissons, denrées ou produits paraissent falsifiés, corrompus ou toxiques.

Les Administrations publiques sont tenues de fournir aux agents désignés à l'article 2 tous éléments d'information nécessaires à l'exécution de la loi du 1er août 1905.

Les entrepreneurs de transport sont tenus de n'apporter aucun obstacle aux réquisitions pour prises d'échantillons et de représenter les titres de mouvement, lettres de voiture, récépissés, connaissements et déclarations dont ils sont détenteurs.

Art. 5. — Tout prélèvement comporte quatre échantillons, l'un destiné au laboratoire pour analyse, les trois autres éventuellement destinés aux experts.

Art. 6. — Tout prélèvement donne lieu, séance tenante, à la rédaction sur papier libre d'un procès-verbal.

Ce procès-verbal doit porter les mentions suivantes :

1° Les nom, prénoms, qualité et résidence de l'agent verbalisateur ;

2° La date, l'heure et le lieu où le prélèvement a été effectué;

3° Les nom, prénoms, profession, domicile ou résidence de la personne chez laquelle le prélèvement a été opéré. Si le prélèvement a lieu en cours de route, les noms et domiciles des personnes figurant sur lettres de voiture ou connaissements comme expéditeurs ou destinataires;

4° La signature de l'agent verbalisateur.

Le procès-verbal doit, en outre, contenir un exposé succinct des circonstances dans lesquelles le prélèvement a été opéré, relater les marques et étiquettes apposées sur les enveloppes ou récipients, l'importance du lot de marchandise échantillonnée, ainsi que toute les indications jugées utiles pour établir l'authenticité des échantillons prélevés et l'identité de la marchandise.

Le propriétaire ou détenteur de la marchandise, ou, le cas échéant, le représentant de l'entreprise de transport peut, en outre, faire insérer au procès-verbal toutes les déclarations qu'il juge utiles. Il est invité à signer le procès-verbal; en cas de refus, mention en est faite par l'agent verbalisateur.

ART. 7. — Les prélèvements doivent être effectués de telle sorte que les quatre échantillons soient autant que possible identiques.

A cet effet, des arrêtés ministériels, pris de concert entre le ministre de l'Agriculture et le ministre du Commerce, de l'Industrie et du Travail, sur la proposition de la commission permanente, déterminent, pour chaque produit ou marchandise, la quantité à prélever, les procédés à employer pour obtenir des échantillons homogènes, ainsi que les précautions à prendre pour le transport et la conservation de ces échantillons.

ART. 8. — Tout échantillon prélevé est mis sous scellés. Ces scellés sont appliqués sur une étiquette composée de deux parties pouvant se séparer et être ultérieurement rapprochées, savoir :

1° Un talon qui ne sera enlevé que par le chimiste au laboratoire après vérification du scellé. Ce talon ne doit porter que les indications suivantes : nature du produit, dénomination sous laquelle il est mis en vente, date du prélèvement et numéro sous lequel les échantillons sont enregistrés au moment de leur réception par le service administratif;

2° Un volant qui porte ces mêmes mentions, mais où sont inscrits, en outre, les noms et adresse du propriétaire ou détenteur de la marchandise, ou, en cas de prélèvement en cours de route, ceux des expéditeurs et destinataires.

Ce volant est signé par l'auteur du procès-verbal.

ART. 9. — Aussitôt après avoir scellé les échantillons, l'agent verbalisateur, s'il est en présence du propriétaire ou détenteur de la marchandise, doit le mettre en demeure de déclarer la valeur des échantillons prélevés.

Le procès-verbal mentionne cette mise en demeure et la réponse qui a été faite.

Un récépissé détaché d'un livre à souche est remis au propriétaire ou détenteur de la marchandise. Il y est fait mention de la valeur déclarée.

En cas de prélèvement en cours de route, le représentant de l'entreprise de transport reçoit, pour sa décharge, un récépissé indiquant la nature et la quantité des marchandises prélevées.

ART. 10. — Le procès-verbal et les échantillons sont, dans les vingt-quatre heures, envoyés par l'agent verbalisateur à la préfecture du département où le prélèvement a été effectué, et, à Paris ou dans le ressort de la préfecture de police, au préfet de police.

Toutefois, en vue de faciliter l'application de la loi, des décisions ministérielles pourront autoriser l'envoi des échantillons aux sous-préfectures ou à tout autre service administratif.

Le service administratif qui reçoit ce dépôt d'enregistrement, inscrit le numéro d'entrée sur les deux parties de l'étiquette que porte chaque échantillon et, dans les vingt-quatre heures, transmet l'un de ces échantillons au laboratoire dans le ressort duquel le prélèvement a été effectué.

Le talon seul suit l'échantillon au laboratoire.

Le volant, préalablement détaché, est annexé au procès-verbal. Les trois autres échantillons sont conservés par la préfecture.

Toutefois, si la nature des denrées ou produits exige des mesures spéciales de conservation, les quatre échantillons sont envoyés au laboratoire, où ces mesures sont prises conformément aux arrêtés ministériels prévus à l'article 7. Dans ce cas, les quatre volants sont détachés des talons et annexés au procès-verbal.

ART. 11. — Les laboratoires créés par les départements et les communes peuvent être admis, concurremment avec ceux de l'État, à procéder aux analyses lorsqu'ils ont été reconnus en état d'assurer ce service et agréés par une décision ministérielle prise sur l'avis conforme de la commission permanente.

TITRE II

.Fonctionnement des laboratoires.

ART. 12. — Des arrêtés ministériels pris de concert entre le ministre de l'Agriculture et le ministre du Commerce, de l'Industrie et du Travail, déterminent le ressort des laboratoires admis à procéder à l'analyse des échantillons.

Pour l'examen des échantillons, les laboratoires ne peuvent employer que les méthodes indiquées par la commission permanente.

Ces analyses sont à la fois d'ordre qualitatif et quantitatif. L'examen comprend notamment les recherches microscopiques, spectroscopiques, polarimétriques, réfractométriques, cryoscopiques, susceptibles de fournir des indications sur la pureté des produits, la recherche des antiseptiques et des colorants étrangers.

Ces méthodes sont décrites en détail par des arrêtés pris de concert entre le ministre de l'Agriculture et le ministre du Commerce, de l'Industrie et du Travail, après avis de la Commission permanente.

Art. 13. — Le laboratoire qui a reçu pour analyse un échantillon dresse, dans les huit jours de la réception, un rapport où sont consignés les résultats de l'examen et des analyses auxquels cet échantillon a donné lieu.

Ce rapport est adressé au préfet du département d'où provient l'échantillon ; à Paris et dans le ressort de la préfecture de police, le rapport est adressé au préfet de police.

Art. 14. — Si le rapport du laboratoire ne révèle aucune infraction à la loi du 1er août 1905, le préfet en avise sans délai l'intéressé.

Dans ce cas, si le remboursement des échantillons est demandé, il s'opère d'après leur valeur au jour du prélèvement, aux frais de l'État, au moyen d'un mandat délivré par le préfet, sur représentation du récépissé prévu à l'article 9.

Art. 15. — Dans le cas où le rapport du laboratoire signale une infraction à la loi du 1er août 1905, le préfet transmet sans délai ce rapport au procureur de la République.

Il y joint le procès-verbal et les trois échantillons réservés.

S'il s'agit de vins, bières, cidres, alcools ou liqueurs, avis doit être donné par le préfet au directeur des contributions indirectes du département.

Art. 16. — Des arrêtés ministériels, pris de concert entre le ministre de l'Agriculture et le ministre du Commerce, de l'Industrie et du Travail, déterminent dans quelle forme les laboratoires doivent rendre compte périodiquement aux préfets du nombre des échantillons analysés, du résultat de ces analyses et signaler les nouveaux procédés de fraude révélés par l'examen des échantillons.

TITRE III

Fonctionnement de l'expertise contradictoire.

Art. 17. — Le procureur de la République informe l'auteur présumé de la fraude qu'il est l'objet d'une poursuite. Il l'avise qu'il peut prendre communication du rapport du directeur du laboratoire et qu'un délai de trois jours francs lui est imparti pour faire connaître s'il réclame l'expertise contradictoire prévue à l'article 12 de la loi du 1er août 1905.

ART. 18. — S'il y a lieu à expertise, il est procédé à la nomination de deux experts, l'un désigné par le juge d'instruction, l'autre par la personne contre laquelle l'instruction est ouverte. Celle-ci a toutefois le droit de renoncer à cette désignation et de s'en rapporter aux conclusions de l'expert désigné par le juge.

Les experts sont choisis sur les listes spéciales de chimistes experts dressées, dans chaque ressort, par des cours d'appel ou les tribunaux civils.

L'inculpé pourra choisir son expert sur les listes dressées par la cour d'appel ou le tribunal civil du ressort d'où il aura déclaré que provient la marchandise suspecte.

ART. 19. — Chaque expert est mis en possession d'un échantillon.

Le juge d'instruction donne communication aux experts des procès-verbaux de prélèvement ainsi que des factures, lettres de voiture, pièces de régie, et d'une façon générale, de tous les documents que la personne mise en cause a jugé utile de produire ou que le juge s'est fait remettre.

Aucune méthode officielle n'est imposée aux experts. Ils opèrent à leur gré, ensemble ou séparément, chacun d'eux étant libre d'employer les procédés qui lui paraissent le mieux appropriés.

Leurs conclusions sont formulées dans des rapports qui sont déposés dans le délai fixé par l'ordonnance du juge.

ART. 20. — Si les experts sont en désaccord, ils désignent un tiers expert pour les départager. A défaut d'entente pour le choix de ce tiers expert, il est désigné par le président du tribunal civil.

Le tiers expert peut être choisi en dehors des listes officielles.

ART. 21. — Sur la demande des experts ou sur celle de la personne mise en cause, des dégustateurs, choisis dans les mêmes conditions que les autres experts, sont commis pour examiner les échantillons.

ART. 22. — Lorsque des poursuites sont décidées, s'il s'agit de vins, bières, cidres, alcools ou liqueurs, le procureur de la République devra faire connaître au directeur des contributions indirectes ou à son représentant, dix jours au moins à l'avance, le jour et l'heure de l'audience à laquelle l'affaire sera appelée.

ART. 23. — Il n'est rien innové quant à la procédure suivie par l'Administration des Douanes et par l'Administration des Contributions indirectes pour la constatation et la poursuite des faits constituant à la fois une contravention fiscale et une infraction aux prescriptions de la loi du 1er août 1905.

ART. 24. — En cas de non-lieu ou d'acquittement, le remboursement de la valeur des échantillons s'effectue dans les conditions prévues à l'article 14 ci-dessus.

ART. 25. — Il sera statué ultérieurement sur les conditions d'application de la loi du 1er août 1905 à l'Algérie et aux colonies.

Art. 26. — Le ministre de la Justice, le ministre de l'Intérieur, le ministre des Finances, le ministre de l'Agriculture, le ministre du Commerce, de l'Industrie et du Travail sont chargés, chacun en ce qui le concerne, de l'exécution du présent décret, qui sera publié au *Journal officiel* et inséré au *Bulletin des Lois*.

Fait à Rambouillet, le 31 juillet 1906.

A. FALLIÈRES.

Arrêté du 1er août 1906 fixant les mesures à prendre pour le prélèvement des échantillons en exécution de la loi du 1er août 1905 et du décret portant réglementation d'administration publique du 31 juillet 1906 sur la répression des fraudes.

Le ministre de l'Agriculture,

Le ministre du Commerce, du Travail et de l'Industrie,

Vu la loi du 1er août 1905 sur la répression des fraudes dans la vente des marchandises et des falsifications des denrées alimentaires et des produits agricoles ;

Vu le règlement d'administration publique en date du 31 juillet 1906, rendu pour l'application de la loi ;

Vu notamment l'article 3 dudit décret établissant que l'avis de la commission technique permanente instituée par décret du 15 décembre 1905 est obligatoire pour la détermination des conditions matérielles des prélèvements d'échantillons ;

Vu l'article 7 du même décret, portant que la commission technique permanente déterminera pour chaque produit la quantité à prélever, les précautions à prendre pour le transport et la conservation des échantillons et enfin les procédés à employer pour obtenir des échantillons bien homogènes ;

Vu l'avis de la commission technique permanente ;

Sur le rapport du directeur de l'Agriculture,

Arrêtent :

ARTICLE PREMIER. — Chaque prélèvement comporte toujours la prise de quatre échantillons.

Ces quatre échantillons doivent être identiques.

ART. 2. — Les échantillons prélevés doivent remplir les conditions suivantes :

I. — Liquides.

A. — LIQUIDES VENDUS EN LITRES, DEMI-LITRES, BOUTEILLES, DEMI-BOU-
TEILLES, FLACONS, CRUCHONS, PORTANT DES CACHETS, MARQUES ET ÉTI-
QUETTES D'ORIGINE.

1. *Vins, vinaigres, cidres, poirés.* — Un litre ou une bouteille par
échantillon.

2. *Bières.* — Une bouteille ou une canette.

3. *Eaux-de-vie, cognac, armagnac, rhum, kirsch, apéritifs divers, liqueurs, sirops.* — Une bouteille de 75 centilitres ou un demi-litre
par échantillon.

4. *Huiles.* — Une bouteille ou une carafe d'un demi-kilogramme
par échantillon.

5. *Lait stérilisé.* — Une bouteille ou une carafe d'un demi-litre
par échantillon.

6. *Eau-de-vie blanche, esprit-de-vin, alcool dénaturé, alcool à brûler.*

(Ces produits sont généralement vendus en litres.)

Déboucher l'un de ces litres et en partager le contenu dans quatre
flacons d'un quart de litre propres et secs qu'on bouchera avec des
bouchons neufs.

On mentionnera au procès-verbal la disposition et le libellé des
étiquettes portées sur le titre ainsi employé ; si possible, décoller
ces étiquettes et les joindre au procès-verbal.

B. — LIQUIDES CONTENUS DANS DES FUTS, RÉSERVOIRS, BIDONS, ESTAGNONS
INTACTS OU EN VIDANGE

Les quatre échantillons devront provenir d'un même récipient.
Si celui-ci n'est pas encore entamé, s'il est intact, on devra relever
minutieusement toutes les marques, cachets ou inscriptions dont
le récipient est revêtu pour les mentionner au procès-verbal, avant
de procéder au prélèvement, lequel se fera soit en piquant le fût
avec un foret ou une vrille, soit par tout autre moyen approprié.

On tirera dans un vase quelconque, sec et propre (baquet, terrine, broc, etc.), une quantité de liquide suffisante pour constituer
les quatre échantillons, puis on répartira ce liquide entre les quatre
bouteilles de prélèvement.

Si l'on ne dispose pas d'un vase sec et propre, et qu'on soit dans
l'obligation de remplir les quatre bouteilles de prélèvement en tirant
directement au fût, par exemple, on devra s'y prendre à deux
reprises, c'est-à-dire qu'on commencera par remplir les quatre bouteilles à moitié seulement, puis on les reprendra dans le même
ordre, pour achever de les remplir.

On indiquera soigneusement au procès-verbal la nature du réci-

pient d'où l'on aura tiré le liquide prélevé, sa contenance approximative et, s'il était en vidange, la quantité de liquide qu'il contenait encore au moment du prélèvement.

Dans le cas où le liquide a été mis en bouteilles prêtes à la vente,
par le détaillant, on débouchera un nombre suffisant de bouteilles
dont on mélangera le contenu dans un vase sec et propre, on remplira avec ce liquide les quatre bouteilles de prélèvement.

Les précautions spéciales à chaque cas, ainsi que les quantités à
prélever pour chaque échantillon, sont indiquées ci-après.

Les bouteilles de prélèvement devront toujours être propres et
sèches, complètement remplies et bouchées avec des bouchons de
liège neufs.

7. *Vins.* — Bouteilles d'un litre ou de 800 centimètres cubes au
moins, autant que possible en verre blanc, entièrement propres,
sèches, sans aucune odeur.

Elles seront, si elles ont déjà servi, lavées à l'eau de cristaux
à 5 0/0, rincées à l'eau froide, puis complètement égouttées. Si
elles doivent servir immédiatement après le lavage, elles subiront
un second rinçage avec un centilitre du vin prélevé.

Sur wagon-réservoir, la prise du volume nécessaire se fera par le
robinet de tirage, après avoir laissé écouler et rejeter le premier
centilitre.

Sur fût, la prise se fera à l'aide d'un trou de fausset fait au foret
sur l'un des fonds, à 10 centimètres environ des bords ; le trou
sera garni d'un ajutage métallique d'écoulement et celui-ci assuré
par un trou de fausset fait à la partie supérieure du fût.

On devra avoir soin que les bouteilles ne soient pas plus froides
que le vin au moment de l'embouteillage.

8. *Laits.* — Un quart de litre par échantillon, soit un litre pour les
quatre échantillons. On prélèvera dans des bouteilles de verre blanc
propres, sèches et sans odeur. Avant de les boucher, on introduira
dans chacune d'elles une pastille rouge spéciale de bichromate de
potasse.

Lorsque le prélèvement portera sur du lait en cours de débit,
c'est-à-dire placé dans une terrine, sur le comptoir ou dans un pot
ouvert, on mélangera soigneusement avec une louche le lait avec
la crème montée à la surface avant de remplir les bouteilles de prélèvement.

Si le prélèvement porte sur des pots ou bidons intacts, on relèvera
la nature des cachets et des marques dont ils sont revêtus avant de
procéder à leur ouverture ; on en fera mention au procès-verbal.

On transvasera le lait du pot sur lequel on se propose de faire un
prélèvement dans un pot vide semblable, puis on le reversera dans
le premier ; ce double transvasement n'a d'autre but que de rendre
le liquide homogène, c'est-à-dire de mélanger le lait avec sa crème.

On prélèvera alors le lait au moyen d'une louche et, en se servant d'un entonnoir, on remplira les quatre bouteilles.

Si on ne dispose pas d'un pot vide pour effectuer le transvasement favorable au mélange du lait avec sa crème, on agitera fortement le pot avant de l'ouvrir, puis on s'efforcera d'en rendre le contenu homogène en le brassant avec la louche, on devra alors en verser quelques litres dans un vase quelconque sec et propre et se servir de ce liquide pour remplir les quatre fioles de prélèvement. Si l'on ne dispose d'aucun vase sec et propre convenable, on prendra directement dans le pot avec la louche et on remplira tout d'abord les bouteilles de prélèvement à moitié seulement, puis on les reprendra dans le même ordre pour achever de les remplir.

On pourra faire autant de prélèvements, c'est-à-dire prélever autant de fois quatre échantillons qu'il y a de pots.

On pourra aussi faire un prélèvement moyen sur plusieurs pots. Dans ce cas, après avoir agité soigneusement ceux-ci, on versera quelques litres de chacun d'eux dans un pot vide ou dans un vase sec et propre et on remplira les fioles de prélèvement avec ce mélange.

On indiquera au procès-verbal le nombre de pots ainsi employés à ce prélèvement moyen, ainsi que les marques et cachets dont ils sont revêtus. On devra se munir, pour les prélèvements de laits, d'une louche et d'un entonnoir.

9. *Bières, cidres et poirés.* — Prélever un litre environ par échantillon, dans des bouteilles résistantes (les bouteilles du genre Vichy suffisent). Le bouchon devra être maintenu soit avec une ficelle, soit avec du fil de fer.

Dans le cas de la bière, si celle-ci est tirée au fût au moyen d'une pompe, on aura soin de laisser perdre le liquide qui a séjourné dans les tuyaux de la pompe, soit un quart ou un demi-litre avant de faire le prélèvement.

10. *Vinaigre.* — Un litre.

11. *Eaux-de-vie, cognac, armagnac, rhum, kirsch, marcs, apéritifs divers* (absinthe, vermout, bitter, amers, quinquinas, etc.), *liqueurs, sirops.* — Un demi-litre.

12. *Huiles.* — Un quart de litre.

Si on constate la présence d'un dépôt ou si l'huile s'est épaissie, ce qui est le cas pour certaines huiles en hiver, on devra mélanger et prélever l'huile trouble. On devra prélever les échantillons dans des fioles d'un quart de litre, en verre blanc autant que possible.

13. *Eau-de-vie blanche, esprit-de-vin, alcool à brûler, alcool dénaturé.* — Un quart de litre.

II. — Matières grasses, pâteuses, semi-fluides.

(A prélever en pots ou bocaux.)

Pour les produits vendus en pots ou bocaux d'origine, on prélèvera quatre échantillons semblables, après s'être assuré que leurs
marques, étiquettes ou cachets sont identiques.

14. *Moutardes.* — Pots de 75 grammes environ.

15. *Confitures, miels.* — Pots de 250 grammes environ.

Pour les produits vendus au détail, on placera les échantillons
dans des pots de verre, de porcelaine, de terre vernissée du genre
des pots employés habituellement pour les confitures ; on s'assurera
qu'ils sont propres et secs. La matière prélevée sera recouverte
d'un disque de papier paraffiné, parcheminé ou même de papier
blanc ordinaire, puis on recouvrira le pot d'un papier propre, solide,
que l'on liera avec une ficelle.

16. *Beurres, graisses alimentaires diverses, saindoux, fromages mous.*
— 200 grammes environ par échantillon.

Pour les beurres, quand le prélèvement se fera sur la motte, on
se servira du fil, du couteau ou de la sonde, et on aura soin de
prendre en tous les points, en se rappelant que certaines mottes
sont fourrées, c'est-à-dire que le milieu n'a pas la même qualité
que l'extérieur.

On prendra ainsi 800 grammes de matière qu'on malaxera au
couteau, sur une feuille de papier et dont on fera quatre parts semblables, qui seront placées dans les pots de prélèvement.

17. *Confitures, compotes, miels.* — 200 grammes par échantillon.

Prendre toutes précautions pour assurer la ressemblance des
échantillons.

18. *Gâteaux mous* (éclairs, tartes, etc.). — 125 grammes par échantillon.

On constituera les échantillons par un même nombre de gâteaux
semblables, si ceux-ci sont petits. S'il s'agit d'une patisserie, on
prendra des tranches semblables.

19. *Moutarde en pâte.* — 75 grammes environ par échantillon.

Dans ce cas, le prélèvement ne se fera plus en pots du genre des
pots à confiture, comme précédemment ; on emploiera des petits
pots de 100 grammes qui pourront être bouchés au liège.

On recouvrira le bouchon d'une feuille de papier qui sera fixée
au moyen de ficelle.

III. — Matières à prélever en bocaux pour éviter la dessiccation.

Ces produits seront prélevés dans des bocaux propres et secs qui
seront bouchés avec un bouchon de liège propre et sans odeur. Le

bouchon sera recouvert d'une feuille de papier qu'on liera sur le col du bocal avec de la ficelle.

On prélèvera environ 1 kilogramme de matières qu'on étalera sur une feuille de papier propre, puis, après avoir bien mélangé, on fera quatre tas semblables, égaux, qui constitueront les échantillons de prélèvement de 250 grammes environ.

20. *Cafés verts grillés, en grains ou moulus.* — Dans le cas d'un café en poudre on prélèvera en même temps, quand cela sera possible, le café grillé en grains dont le café moulu est dit provenir.

21. *Farines.* — Si le prélèvement porte sur un sac scellé, on prendra à la sonde dans toutes les parties du sac ; on recueillera le produit des sondages sur une feuille de papier jusqu'à ce que l'on ait obtenu la quantité nécessaire aux quatre échantillons.

22. *Sels de table, sel raffiné, sel blanc.* — S'ils sont en boîtes ou en flacons d'origine, on en prélèvera quatre échantillons semblables de 250 grammes.

IV. — Produits solides ou en poudre.

Lorsque ces produits seront vendus en paquets, sacs, boîtes, tubes, flacons d'origine, on prélèvera quatre échantillons semblables après s'être assuré qu'ils sont identiques.

23. *Cacaos et chocolats en poudre ou granulés.* — Boîtes de 250 grammes.

24. *Thés.* — Boîtes ou paquets de 125 grammes.

25. *Chicorées.* — Paquets de 125 grammes.

26. *Produits de la confiserie.* — Boîtes, paquets ou flacons de 125 grammes.

27. *Pâtes alimentaires, tapioca, sagou, salep, arrow-root.* — Paquets ou boîtes de 125 grammes.

28. *Sucre vanillé ou à la vanilline.* — Sachets ou boîtes de 125 grammes.

29. *Moutarde en poudre.* — Boîtes de 125 grammes.

Lorsqu'on prélèvera des produits en poudre, en grains ou en petits fragments, vendus au détail, on prendra la quantité nécessaire à constituer les quatre échantillons, on la placera sur une feuille de papier propre, puis on mélangera avec soin et on partagera en quatre tas semblables formant les quatre échantillons; chacun d'eux sera placé dans un sac de papier qui ne devra pas porter de marques.

30. *Poivre en grain.* — 100 grammes par échantillon.

31. *Poivre en poudre, quatre épices, piment, gingembre, cannelle, muscade, girofle.* — Echantillon de 50 grammes.

Dans le cas où le produit aura été moulu par le débitant, on fera un prélèvement sur le produit en grains, ou entier, qui aura servi à préparer la poudre.

32. *Safran.* — 10 grammes par échantillon.

33. *Sucre en poudre.* — 125 grammes par échantillon.

34. *Thés.* — 125 grammes par échantillon.

35. *Pastilles et bonbons de chocolat, bonbons divers, boules de gomme, dragées, pastilles diverses.* — 125 grammes environ par échantillon.

36. *Pâtes alimentaires, semoules.* — 100 grammes par échantillon.

37. *Fleurages.* — 250 grammes par échantillon.

Pour les produits en tablettes, en bâtons, en pains, en pièces pouvant être débitées en les vendant à l'unité, on relèvera les marques, cachets et étiquettes dont ils sont revêtus et on en mentionnera au procès-verbal le texte et la disposition. Chaque échantillon sera enveloppé d'une feuille de papier sans marques ou placé dans un sac de papier sans marques.

38. *Chocolat en tablettes, bâtons, croquettes, objets en chocolat.* — 125 grammes par échantillon.

39. *Pâtisseries sèches, petits fours, biscuits.* — 250 grammes par échantillon.

40. *Suc de réglisse.* — 50 grammes par échantillon.

41. *Vanilles en gousses.* — Ce produit est généralement vendu en tubes de deux à trois gousses, on prélèvera quatre tubes semblables.

Les produits suivants seront soigneusement enveloppés dans une feuille de papier parcheminé ou paraffiné, puis enfermés dans un sac de papier sans marques.

42. *Pain d'épice.* — 250 grammes par échantillon.

43. *Fruits secs, fruits confits ou glacés.* — 125 grammes par échantillon.

44. *Produits de la charcuterie : saucisses, cervelas, saucissons, andouilles, andouillettes, pâtés de foie, galantine, rillettes, fromage de cochon, jambon, salaisons, lard fumé ou salé, poissons fumés ou salés.* — 150 grammes par échantillon.

Prendre toutes les précautions pour que les échantillons soient semblables.

45. *Fromages secs (gruyère, hollande, roquefort, parmesan, etc.).* — Prélever quatre morceaux aussi identiques que possible de 125 grammes chacun.

46. *Pain.* — Prélever quatre échantillons de 125 grammes environ chacun aussi semblables que possible, dans un même pain ou dans deux pains semblables.

V. — Conserves.

On prélèvera quatre échantillons identiques c'est-à-dire qu'on s'assurera qu'ils portent les mêmes inscriptions, qu'ils sont du même modèle et du même prix.

47. *Conserves de viande, gibier, volaille, poisson, légumes, fruits à l'huile, au vinaigre, au vin blanc, au sirop, au sel, etc., en boîtes en fer-blanc, terrines, bocaux ou flacons.* — On prélèvera quatre boîtes, terrines, bocaux ou flacons du plus petit modèle.

Paris, le 1er août 1906.

GASTON DOUMERGUE.   RUAU.

Circulaire du Ministre de l'Agriculture du 24 janvier 1910, à MM. les directeurs des laboratoires agréés, au sujet de l'addition de bicarbonate de soude dans le lait.

En l'absence d'un règlement, actuellement en préparation, sur le lait et les produits de la laiterie, j'ai l'honneur de vous signaler que l'addition de bicarbonate de soude ou de toute autre matière alcaline, au lait, doit être considérée comme une falsification.

Dans sa séance du 23 janvier 1888, le Comité consultatif d'hygiène publique de France, saisi de la question, a, sur le rapport de M. le professeur Proust, émis l'avis que l'addition de bicarbonate de soude au lait était une falsification, réprimée par la loi du 27 mars 1851, visant la répression des fraudes et falsifications, dans la vente des marchandises et qu'il appartient aux parquets de poursuivre d'office les délinquants.

Le rapporteur s'exprimait ainsi dans ses conclusions :

« J'estime que la loi du 27 mars 1851 est applicable, puisque, sous le nom de « lait », on vend du lait additionné de bicarbonate de soude, c'est-à-dire une substance qui n'est plus le lait pur, et qui peut, dans certaines circonstances, être nuisible à la santé du consommateur. »

Depuis la loi du 1er août 1905 est venue remplacer celle du 27 mars 1851 et le service de la répression des fraudes a été institué pour rechercher les infractions à la loi, mais aucune considération ne permet de supposer que l'opinion du Conseil supérieur d'hygiène publique de France ait varié sur la question.

En conséquence, lorsque l'examen d'un échantillon de lait vous aura permis de constater l'addition de bicarbonate de soude ou de toute autre matière alcaline, vous voudrez bien indiquer sur le rapport d'analyse que ce fait constitue une falsification.

Circulaire du 20 février 1907 à MM. les directeurs des laboratoires agréés par l'État, sur l'organisation et le fonctionnement du service d'analyse des échantillons provenant des prélèvements.

ANALYSES

Méthodes officielles. — Conformément aux prescriptions de l'article12 du décret du 31 juillet 1906,les laboratoires ne peuvent employer que les méthodes indiquées par la Commission technique permanente.

Ces méthodes seront publiées et leur seront communiquées au fur et à mesure de leur établissement (arrêté du 18 janvier 1907).

En l'absence d'instructions spéciales, ils procéderont à l'analyse par les méthodes qui leur paraitront les plus propres à déceler les fraudes.

L'examen des échantillons ne comporte pas forcément l'exécution de toutes les opérations décrites dans les notices émanant de la commission technique permanente, le résultat de certaines d'entre elles pouvant rendre inutile l'exécution de certaines autres.

INTERPRÉTATIONS DES RÉSULTATS

Le rôle des laboratoires est de faire un triage parmi les échantillons qui leur seront transmis, aussi l'examen qui leur est demandé n'a-t-il aucun des caractères d'une expertise véritable.

L'appréciation donnée par le laboratoire constitue, pour l'autorité judiciaire, une indication, une présomption, qui justifie l'ouverture d'une instruction.

Il appartient aux directeurs des laboratoires agréés d'interpréter les résultats analytiques et d'établir les conclusions sous leur responsabilité. Aucune règle fixe ne peut leur être imposée à cet égard.

Toutefois le ministre de l'Agriculture leur transmettra, par voie de circulaires appropriées, des indications émanant de la commission technique permanente, de nature à faciliter leur tâche, et, notamment, les données analytiques sur lesquelles ils pourront s'appuyer.

Les directeurs de ces laboratoires peuvent apporter une grande sévérité dans leurs jugements puisque, d'une part, tout échantillon fraudé qu'ils laisseraient passer ne pourrait plus être incriminé et que, d'autre part, nulle condamnation ne saurait résulter injustement de leur appréciation ; la réalité du délit ne pouvant être établie que par l'expertise contradictoire ultérieure, laquelle est faite dans des conditions qui donnent toute garantie aux intéressés.

Dans le cas où les indications portées sur l'étiquette paraîtront insuffisantes, les directeurs pourront demander au service administratif expéditeur les renseignements complémentaires qu'ils jugeront utiles et susceptibles de préciser la nature du produit, ainsi que la dénomination et les conditions dans lesquelles il est mis en vente. A l'exception du nom et de l'adresse du propriétaire de la marchandise prélevée, ainsi que du lieu du prélèvement, toutes les circonstances mentionnées au procès-verbal de prélèvement peuvent leur être communiquées dans le but de reconnaître les infractions à la loi du 1er août 1905.

LIVRES DES LABORATOIRES

Les laboratoires devront avoir, pour chacun des départements de leur ressort, un livre sur lequel les échantillons provenant de prélèvements seront inscrits à leur date d'arrivée au laboratoire, sur le numéro du service administratif porté sur l'étiquette. La désignation de l'échantillon sera faite par la transcription exacte des indications portées sur cette étiquette. Les résultats analytiques seront ensuite inscrits, ainsi que la conclusion en résultant. Enfin, la date à laquelle le résultat aura été adressé au préfet sera mentionnée.

TRANSMISSION DES RÉSULTATS

Délai. — Aux termes de l'article 13 du décret du 31 juillet 1906, ce résultat doit être adressé au préfet dans un délai de huit jours à dater de la réception de l'échantillon. Mais, d'une manière générale, les directeurs sont invités à faire connaître les résultats dans un délai aussi court que possible.

Rédaction de la réponse aux préfets. — Pour tous les échantillons reconnus bons, les directeurs se borneront à envoyer un bulletin, disant que les échantillons portant les numéros... n'ont révélé aucune infraction à la loi du 1er août 1905.

Dans le cas contraire, ils adresseront, pour chacun des échantillons, un bulletin portant, avec leur conclusion, les résultats analytiques qui l'auront motivée.

Il est inutile d'accompagner ces bulletins d'une lettre d'envoi.

RENSEIGNEMENTS TECHNIQUES

Les directeurs de laboratoires correspondront directement avec le ministre de l'Agriculture, service de la répression des fraudes pour tous les renseignements techniques dont ils pourront avoir besoin. Ils le tiendront au courant des observations qu'ils seront amenés à faire au cours de l'application des méthodes officielles et lui adresseront, pour être soumis à la commission technique permanente, les perfectionnements qu'ils pourraient être amenés à découvrir et qui, après étude de cette commission, pourront être adoptés et prescrits officiellement.

J. RUAU.

Circulaire du ministre de l'Agriculture, du 26 février 1907, aux préfets, sur l'organisation et le fonctionnement du service des prélèvements.

L'application de la loi du 1er août 1905 sur la répression des fraudes dans la vente des marchandises et des falsifications des denrées alimentaires et des produits agricoles a été réglée, par le décret du 31 juillet 1906 et l'arrêté du 1er août 1906, en ce qui concerne les boissons, denrées alimentaires et produits agricoles.

Conformément aux prescriptions du décret du 31 juillet 1906, le service chargé de rechercher et de constater les infractions à la loi du 1er août 1905, dans votre département, devra être organisé de la façon suivante :

I. — DÉSIGNATION DES AGENTS DE PRÉLÈVEMENT

Des prélèvements de boissons, denrées alimentaires et produits agricoles devront être opérés, aussi fréquemment que possible.

Vous voudrez bien désigner, à cet effet, les agents de prélèvement parmi les autorités énumérées dans l'article 2 du décret du 31 juillet 1906. Quant au nombre de prélèvements, il peut être calculé d'avance d'après les règles que vous trouverez exposées ci-après.

Vous choisirez de préférence (comme l'article 2 du décret vous y autorise) les agents spéciaux institués par les villes ou le département, et, le cas échéant, vous vous efforcerez d'obtenir la création d'agents semblables préférables à tous les autres à cause des connaissances particulières qu'on peut exiger d'eux.

Dans le cas où vous seriez disposé à agréer des agents institués et rémunérés par des groupements professionnels, vous voudrez bien remarquer que la chose n'est possible qu'à une condition : c'est que vous puissiez considérer lesdits agents comme institués par le département ou par une ou plusieurs communes.

L'article 2 du décret vous donne également la faculté de désigner les agents des octrois et les vétérinaires sanitaires.

Les agents spéciaux dont il est question dans les trois précédents paragraphes devront être spécialement commissionnés par vous (art. 2 du décret). A leur défaut, vous confierez aux inspecteurs des halles, foires, marchés et abattoirs, ainsi qu'aux commissaires de la police spéciale des chemins de fer et aux commissaires de police le soin d'opérer les prélèvements.

A titre d'indication, on peut estimer qu'il suffit de désigner un agent pour 50.000 habitants.

Agents des contributions indirectes. — Vous pouvez également compter sur le concours des agents des contributions indirectes. Mais ceux-ci échappent à votre autorité et leur concours est aléatoire.

D'après l'article 2 du décret, les agents des contributions indirectes agissant à l'occasion de l'exercice de leurs fonctions sont chargés de rechercher et de constater les infractions à la loi du 1er août 1905.

Ils n'ont donc à intervenir qu'à l'égard des personnes déjà soumises par la loi fiscale à leur surveillance, et c'est à leur propre initiative que doit être laissé le soin de régler leur intervention. Ils ne sauraient, dès lors, être requis pour concourir dans d'autres conditions à l'application de la loi.

Mais les préfets pourront signaler au directeur des contributions indirectes de leur département les soupçons de fraude qui porteraient sur des personnes assujetties à la surveillance du service de cette administration, afin que ce service recherche les occasions de réprimer les faits délictueux.

Quand, au cours de leurs visites et vérifications habituelles, les employés de la régie découvriront des fraudes ou falsifications prévues à la fois par la loi du 1er août 1905 et par la législation fiscale, ils constateront les faits dans la forme usitée en matière de contributions indirectes. Dans ce cas, l'avance des frais de prélèvement d'échantillons et de procès-verbal restera à la charge de l'administration des Finances.

Le remboursement, aux agents, des frais matériels occasionnés par ces derniers prélèvements devra être fait, sur état, par le service préfectoral ainsi que le remboursement aux intéressés de la valeur des produits reconnus bons.

Lorsque, au contraire, les infractions seront uniquement prévues par la loi du 1er août 1905, les employés se conformeront aux prescriptions du décret du 31 juillet 1906 et à celles de l'arrêté ministériel du 1er août, en ce qui concerne les conditions de prélèvement et de scellement des échantillons, la rédaction du procès-verbal et la transmission de cet acte, ainsi que des échantillons, au service administratif compétent ; les frais exposés par l'administration des contributions indirectes devront alors lui être remboursés sur les crédits ouverts pour assurer la répression des fraudes commerciales. Il appartiendra aux préfets de veiller à ce que les dépenses engagées dans leur département ne dépassent pas la part de ces crédits qui leur sera déléguée. A cet effet, ils devront, le cas échéant, intervenir auprès du directeur des contributions indirectes pour que les prélèvements d'échantillons effectués par son service n'atteignent pas un chiffre hors de proportion avec les ressources disponibles.

II. — Organisation et fonctionnement du service administratif

Chaque prélèvement comporte la prise de quatre échantillons qui, ainsi que le procès-verbal, doivent être envoyés à votre préfecture dans les vingt-quatre heures de l'opération.

Vous devrez donc désigner sans retard le service administratif chargé de leur réception.

Pour faciliter l'application de la loi, il y a lieu de le placer aussi près que possible du laboratoire régional, et vous voudrez bien me faire part des dispositions qui vous paraissent devoir être prises à cet égard, une décision ministérielle étant nécessaire, aux termes de l'article 10 du décret du 31 juillet 1906 pour autoriser l'envoi des échantillons aux sous-préfectures ou à tout autre service administratif.

Local. — Le service chargé de la réception des échantillons devra disposer d'un local de sûreté dans lequel les échantillons seront conservés en attendant qu'il soit statué à leur égard. Ce local devra être sec, peu éclairé ou même obscur et de température aussi peu variable que possible. Les dimensions peuvent en être restreintes, car les échantillons n'y séjourneront jamais plus de quinze jours. Il suffit d'y disposer des casiers pour placer le dixième au maximum des échantillons dont le prélèvement annuel est prévu.

Relations avec les agents de prélèvement. — Le service administratif déterminera, d'après les conditions locales, la façon dont les échantillons devront lui être expédiés des lieux de prélèvement.

Il mettra à la disposition des agents des caisses spéciales pour cette expédition.

Ces caisses, qui répondent à deux modèles différents et sont appropriées à leur destination, vous seront adressées par mon Administration, à raison de deux caisses par agent désigné.

Elles permettront l'expédition collective des échantillons provenant de plusieurs prélèvements faits le même jour, dans le même lieu : ce qui sera le cas très général.

Le service administratif fournira aux agents de prélèvement les imprimés suivants établis par ses soins :

Cent procès-verbaux passe-partout ;

Quatre cents étiquettes devant être fixées aux échantillons ;

Un carnet à souche pour le remboursement éventuel des échantillons.

Les indications que doivent comporter ces pièces sont explicitement données par les articles 6 et 8 du décret du 31 juillet 1906.

Le service administratif leur remettra en même temps 200 comprimés de bichromate de potasse spécialement destinés aux prélèvements de lait et dont un nombre suffisant sera envoyé à votre préfecture par mon Administration.

Bien que chaque prélèvement comporte la prise de quatre échantillons, les agents devront être invités à laisser un cinquième échantillon entre les mains de l'intéressé, lorsque celui-ci lui en fera la demande expresse. Toutefois cet échantillon ne devra être revêtu d'aucun cachet, d'aucune marque susceptible de lui donner un caractère officiel, et il ne peut convenir qu'à l'usage personnel de l'intéressé. Cependant, pour les laits, on ajoutera une pastille de bichromate de potasse dans le cinquième échantillon, comme dans les échantillons officiels. Il est bien entendu que la valeur de cet échantillon ne peut être susceptible de remboursement.

Le décret du 31 juillet 1906 ne permet pas que des prélèvements soient opérés à la requête et aux risques et périls d'un particulier. Toutefois les agents s'efforceront d'opérer les prélèvements qui leur seront demandés par le public, lorsque la requête leur paraîtra justifiée ; par exemple lorsqu'un détaillant, ayant des raisons fondées de soupçonner son fournisseur, demandera qu'un prélèvement soit opéré à la livraison d'une fourniture. Il est nécessaire d'habituer le public à l'idée que le service de la répression des fraudes n'a d'autre préoccupation que de défendre le consommateur et le commerce honnête contre les fraudeurs.

Le service administratif fera connaître aux agents que, lorsqu'ils croiront devoir rechercher auprès de l'administration des contributions indirectes des éléments d'information nécessaires à l'exécution de la loi, ils devront adresser une réquisition écrite aux chefs locaux de service ou aux receveurs buralistes (dans les localités non pourvues d'un poste d'employés), qui devront leur communiquer, *sur place*, les registres portatifs, déclarations de sucrage, etc., dont ils auront demandé à prendre connaissance. Aucune rétribution ne sera exigée pour la communication de ces documents.

Le nombre approximatif de prélèvements qu'il conviendra de ne pas dépasser sera indiqué à chacun des agents par le service administratif, qui leur donnera d'ailleurs toutes les indications nécessaires à la bonne exécution du service et attirera leur attention sur les fraudes signalées par le laboratoire ainsi que l'Administration centrale.

Il s'efforcera d'éviter qu'un trop grand nombre de prélèvements soient effectués au même moment dans le département, afin que le laboratoire ne se trouve pas dans l'impossibilité de les examiner dans les délais légaux.

Registre d'inscription. — Un registre d'inscription sera établi ainsi que le prescrit l'article 10 du décret du 31 juillet 1906.

Il sera disposé de façon à permettre l'inscription des indications suivantes :

Numéro et date de réception, numéro et date du procès-verbal, nature de la marchandise prélevée, lieu du prélèvement, nom et qualité du propriétaire, date de l'envoi de l'échantillon au laboratoire, date et nature de la réponse du laboratoire, suite donnée à l'affaire et enfin, pour le remboursement, la valeur déclarée, la date d'envoi du mandat et sa valeur.

Relations avec les laboratoires. — Le service administratif enverra, dès leur réception, l'un des échantillons au laboratoire, en se conformant aux prescriptions de l'article 10 du décret et placera les autres dans le local disposé à cet effet.

Il est nécessaire de mettre à la disposition du laboratoire tous les renseignements concernant l'échantillon envoyé qui peuvent être de nature à le guider dans ses conclusions. Aussi le service administratif devra-t-il vérifier que la désignation de la nature du produit portée sur le talon de l'étiquette et aussi clairement mentionnée que possible et, le cas échéant, il donnera au laboratoire tous les renseignements de cet ordre que celui-ci demandera. D'ailleurs, en définitive, les seuls renseignements que le service administratif ne puisse fournir au laboratoire sont ceux qui concernent le lieu du prélèvement et le nom de la personne chez laquelle il a été opéré.

Cas où les échantillons sont reconnus bons. — Quand la réponse du laboratoire sera favorable, le service administratif adressera aussitôt à la personne intéressée un avis :

Que l'examen de l'échantillon prélevé chez M..... n'a révélé aucune infraction à la loi du 1er août 1905.

Une annotation lui fera connaître que, sur sa demande et contre l'envoi du récépissé remis au moment du prélèvement, il lui sera adressé un mandat de remboursement de la valeur des échantillons prélevés, fixés à.....

Il y a lieu de tenir compte que la valeur des échantillons prélevés n'est pas forcément celle indiquée par la déclaration. A cet égard, le service administratif devra inviter les agents à indiquer quelle est la valeur des échantillons, dans le cas où la déclaration de l'intéressé comporterait une majoration évidente de la valeur réelle.

Les trois échantillons devenus sans objet seront détruits ou recevront telle destination qui vous paraîtra convenable. Les échantil-

lons de lait devenus toxiques par l'addition de la pastille rouge
de bichromate, au moment du prélèvement, seront toujours détruits.

Les flacons et autres récipients devenus disponibles seront mis à
la disposition des agents chargés des prélèvements après avoir été
soigneusement lavés avec de l'eau contenant du carbonate de soude
(cristaux de soude), puis rincés à grande eau et séchés complètement. Quant aux bouchons, ils ne devront plus être utilisés pour le
service.

Cas où les échantillons sont reconnus fraudés. — Dans le cas où le
rapport du laboratoire signale une infraction à la loi du 1er août 1905,
ce rapport devra être transmis sans délai au procureur de la République. On y joindra le procès-verbal et les trois échantillons réservés.

Avis à donner aux contributions indirectes. — S'il s'agit de vins,
bières, cidres, alcools ou liqueurs, avis devra être donné de cet
envoi au directeur des contributions indirectes.

Nombre de prélèvements à effectuer. — Dans les conditions de fonctionnement exposées précédemment, en tenant compte de la fourniture aux agents de prélèvement des imprimés, des dépenses inhé-
rentes au prélèvement (achat de bocaux, bouteilles, bouchons, etc.)
qui leur seront remboursés sur état, du remboursement des échantillons reconnus bons, chaque prélèvement entraîne une dépense
moyenne de 2 fr. 50 ([1]).

Vous recevrez, d'autre part, l'indication des crédits mis à votre
disposition pour l'exécution de ce service et, par conséquent, celle
du nombre approximatif de prélèvements qu'il vous sera possible
de faire exécuter.

Vous vous baserez donc sur ce chiffre pour donner aux agents
désignés par vous les instructions relatives au nombre des prélèvements qu'ils ne devront pas dépasser.

Ainsi que vous vous en êtes rendu compte précédemment, les
agents des contributions indirectes seront amenés à faire des prélèvements entraînant des dépenses qui engagent les crédits mis à
votre disposition. Bien que leur nombre échappe à vos prévisions,
vous pourrez toutefois, le cas échéant, prévenir le directeur des
contributions indirectes que l'état de vos crédits ne vous permet
plus de rembourser les dépenses qui résulteraient de prélèvements
effectués par les agents placés sous ses ordres. L'examen du registre
d'inscription des échantillons prélevés vous permettra de vous rendre
compte, à chaque instant, des dépenses engagées, puisque les pré-

_____

([1]) Ce chiffre a été établi en admettant que les produits prélevés com-
prendront un nombre égal de chacune des trois catégories suivantes :
boissons, laits, produits divers.

lèvements dont il s'agit doivent être envoyés à votre préfecture, au même titre que ceux opérés par les agents ordinaires.

La subvention attribuée au laboratoire dans le ressort duquel est compris votre département a été calculée en vue de couvrir cet établissement des frais d'analyse correspondant au nombre des prélèvements que vous pouvez faire exécuter avec les crédits mis à votre disposition.

Vous ne devrez donc pas dépasser ce nombre sans m'en référer, chaque analyse, en plus du nombre prévu, devant être payée au laboratoire par mon administration au prix de 5 francs.

Prélèvements supplémentaires. — Une surveillance limitée par l'exécution d'un nombre de prélèvements aussi peu élevé que celui permis par les crédits mis à votre disposition, si elle peut, à la rigueur, être considérée comme suffisante dans les campagnes, est certainement insuffisante dans les villes. Vous devrez donc inviter celles-ci à concourir dans leur propre intérêt, à la répression des fraudes, en consentant à assumer la charge de prélèvements supplémentaires dont elles fixeront le nombre à leur convenance.

C'est ainsi que se manifestera le concours des communes prévu à l'article 1er du décret du 31 juillet 1906 et escompté par la loi du 1er août 1905 qui, pour les encourager et les dédommager des dépenses qu'elles seront amenées à faire, a institué, à leur profit exclusif, une amende supplémentaire dont les tribunaux peuvent frapper les délinquants, en même temps que, par le même article 10 de la loi, le préfet est invité à leur distribuer des subventions sur le reliquat disponible du fonds commun, lequel, constitué par les amendes, se trouvera augmenté par suite de l'aggravation des pénalités apportée par la loi du 1er août 1905.

Le nombre de prélèvements supplémentaires qu'en l'état actuel les communes devraient demander pour obtenir une répression sévère des fraudes peut être évalué à 3 pour 1.000 habitants. Mais je ne fixe ce nombre qu'à titre d'indication. Pour chaque prélèvement supplémentaire, la commune devra mettre à votre disposition, à titre de fonds de concours, une somme de 7 fr. 50 sur laquelle 5 francs seront attribués par vos soins au laboratoire pour le couvrir des frais d'analyse correspondants.

Naturellement, les prélèvements supplémentaires s'ajouteront aux prélèvements ordinaires sans que rien ne les en distingue.

Comptes rendus mensuels. — Tous les mois, vous voudrez bien m'adresser, sous le timbre du service de la répression des fraudes, un relevé des opérations faites par le service des prélèvements, en mentionnant les fraudes signalées par le laboratoire, ainsi que la suite judiciaire donnée aux affaires transmises au procureur de la République.

Vous voudrez bien me faire connaître les dispositions que vous aurez prises pour assurer, sans retard, dans les conditions que je viens de vous exposer, l'exécution d'une loi, dont l'application est attendue avec une impatience légitime, tant par le public que par le commerce honnête.

J. RUAU.

Circulaire du 12 mars 1907 aux agents de prélèvement de boissons, denrées alimentaires et produits agricoles.

Produits à prélever. — Les prélèvements porteront exclusivement sur les boissons, les denrées alimentaires pour l'homme ou les animaux, les produits agricoles ainsi que, le cas échéant, sur les produits propres à effectuer la falsification de ces substances.

Il est rappelé que les dispositions du décret du 31 juillet 1906 ne sont pas applicables à des produits tels que les étains d'étamage, les poteries vernissées, les eaux ordinaires, les eaux minérales naturelles ou artificielles, les engrais par exemple, dont la surveillance est prévue par d'autres règlements.

Lieux de prélèvement. — Les prélèvements peuvent être opérés dans les magasins. boutiques, ateliers, voitures servant au commerce, ainsi que dans les entrepôts, les abattoirs et leurs dépendances, les halles, foires et marchés, et dans les gares ou ports de départ ou d'arrivée, autrement dit dans tous les lieux où se trouvent détenues, entreposées, mises en vente ou vendues les substances précédentes.

Causes de prélèvement. — Les prélèvements sont obligatoires dans les cas où les boissons, denrées ou produits paraissent falsifiés, corrompus ou toxiques (art. 4 du décret). Dans le cas où l'état de corruption ne permettrait pas le prélèvement, on mentionnerait le fait au procès-verbal·

Les produits suspects, sur lesquels porte le prélèvement, ne peuvent être saisis ; leur confiscation ou leur destuction ne pouvant être ordonnée que par le tribunal (art. 6 de la loi du 1er août 1905).

Toutefois, en ce qui concerne les denrées corrompues, lorsqu'un règlement municipal, pris en vertu de l'article 97 de la loi du 5 avril 1884, ordonne leur destruction, elle devra être opérée immédiatement, quelle que soit la nature de ces denrées et qu'il y ait ou non délit·

Ces réglements sont, par conséquent, applicables aux fruits et aux légumes frais corrompus, dont la détention, mise en vente ou vente ne constituent pas un délit (art. 3 et 4 de la loi du 1er août 1905); à moins que leur état de corruption ne se trouve intentionnellement masqué, auquel cas il y a tromperie sur l'identité de la marchandise.

Lorsqu'il y aura lieu de rechercher auprès de l'Administration des contributions indirectes des éléments d'information nécessaires à l'exécution de la loi, les agents devront adresser une réquisition écrite aux chefs locaux de service ou aux receveurs buralistes (dans les localités non pourvues d'un poste d'employés) déclaration de sucrage, etc., et dont ils ont demandé à prendre connaissance. Aucune rétribution ne sera exigée pour la communication de ces documents.

Les prélèvements ne peuvent être opérés à la requête et aux risques et périls d'un particulier. Toutefois les agents s'efforceront d'opérer les prélèvements qui leur seront demandés par le public, lorsque cette demande leur paraîtra justifiée ; par exemple, lorsqu'un détaillant, ayant des raisons fondées de soupçonner son fournisseur, demandera qu'un prélèvement soit opéré à la livraison d'une fourniture. Il est nécessaire d'habituer le public à l'idée que le service de la répression des fraudes n'a d'autre préoccupation que de défendre le consommateur et le commerce honnête contre les fraudeurs.

Conditions du prélèvement. — Ces conditions font l'objet de l'arrêté du 1er août 1906. Dans tous les cas où la substance à prélever ne serait pas comprise dans la nomenclature figurant à cet arrêté, on devra observer les indications données pour les produits analogues, quant aux soins à prendre pour assurer l'homogénéité des quatre échantillons et les quantités à prélever.

Les quantités portées à l'arrêté du 1er août 1906 doivent être considérées comme des indications approximatives ; il est donc inutile de peser exactement les quantités prélevées. Aussi ne devra-t-on pas renoncer au prélèvement si la quantité de matière est inférieure à celle qui correspond au poids indiqué par l'arrêté pour les quatre échantillons ; mais on devra alors mentionner au procès-verbal la raison pour laquelle les échantillons n'ont pas le poids réglementaire.

Cinquième échantillon. — Bien que chaque prélèvement comporte la prise de quatre échantillons, on devra laisser un cinquième échantillon entre les mains de l'intéressé, lorsque celui-ci en fera la demande expresse. Cet échantillon ne devra être revêtu d'aucun cachet, d'aucune marque susceptible de lui donner un caractère officiel, et il ne peut convenir qu'à l'usage personnel de l'intéressé (cependant pour les laits, on ajoutera une pastille de bichromate de potasse dans le cinquième échantillon, comme dans les échantillons officiels. Il est bien entendu que la valeur du cinquième échantillon ne peut être susceptible de remboursement.

Matériel nécessaire. — Les bocaux, bouteilles, ficelles, papiers d'emballage, dont l'acquisition sera nécessaire au moment même du prélèvement, sont remboursés par l'Administration préfectorale, sur état justificatif.

Les pastilles de bichromate de potasse, du poids de $0^{gr},26$, sont fournies par l'Administration préfectorale. On devra introduire une de ces pastilles dans chacun des échantillons de lait. L'addition de ce produit est destinée à assurer la conservation du lait en vue de l'analyse (mais le lait ainsi additionné est toxique).

Procès-verbal. — Des procès-verbaux passe-partout sont fournis par l'Administration préfectorale, ainsi que les étiquettes devant être fixées aux échantillons.

Il est indispensable de mentionner au procès-verbal les circonstances du prélèvement, notamment en ce qui concerne l'importance du lot de marchandises échantillonnées, la nature des récipients ou des emballages, les marques dont ils sont revêtus, les conditions dans lesquelles les marchandises sont détenues, exposées ou mises en vente. On devra mentionner également la présence de tableaux ou d'inscriptions placés dans les établissements de vente, en donner le texte et indiquer s'ils sont placés de façon apparente ou non (art. 6 du décret).

Remboursement. — Le récépissé remis au moment du prélèvement sera détaché du carnet à souche délivré par l'Administration préfectorale. On devra mentionner la valeur déclarée de la marchandise prélevée. Toutefois, dans le cas où cette déclaration comportera une majoration évidente de la valeur réelle, il y aurait lieu de mentionner au procès-verbal ainsi que sur le récépissé cette dernière estimation.

Envoi du procès-verbal et des échantillons à la préfecture. — Le procès-verbal et les échantillons doivent être envoyés dans les vingt-quatre heures au service administratif préfectoral.

Les caisses mises à la disposition des agents permettent l'expédition collective des échantillons provenant de plusieurs prélèvements opérés le même jour. On s'efforcera de diminuer les dépenses qu'entraîne l'expédition des échantillons, en procédant aux prélèvements autant que possible par série. Les caisses seront expédiées par messagerie. Les échantillons y seront emballés au moyen de paille, de foin, de copeaux, de frisure de bois ou de papier, de façon à éviter la rupture des vases en cours de route ; la fermeture des caisses sera assurée en scellant au moyen d'une ficelle les pitons placés de chaque côté du couvercle.

Instructions spéciales. — Le nombre maximum des prélèvements à effectuer étant forcément limité et déterminé par l'importance des crédits mis à la disposition de l'administration préfectorale, les agents du service recevront du service administratif l'indication du nombre des prélèvements qu'ils ne devront pas dépasser.

De même le service administratif leur donnera les instructions nécessaires à éviter qu'un trop grand nombre de prélèvements soient effectués au même moment dans le département, afin que le laboratoire chargé de l'analyse ne se trouve pas dans l'impossibilité de procéder à leur examen dans les délais légaux.

Enfin, les agents recevront de l'administration préfectorale toutes les indications nécessaires à la bonne exécution du service. Ils seront notamment avisés des fraudes signalées par le laboratoire ou l'Administration centrale.

Prélèvements sur commission rogatoire. — Ces prélèvements doivent être exécutés en se conformant aux instructions portées sur la commission ; à moins d'indication contraire, ils comportent également quatre échantillons. Le procès-verbal, ainsi que les échantillons, « ne devront pas être envoyés à la préfecture, mais au juge d'instruction », les agents intervenant alors au titre d'auxiliaires de la justice et non comme agents du service départemental des prélèvements. De plus on ne devra pas employer pour cette expédition les caisses du service.

Les dépenses faites à l'occasion de tels prélèvements sont à la charge de l'autorité judiciaire, et la mention « par ordre de M..., juge d'instruction à... » sera portée de façon apparente, sur le récépissé de remboursement. Une copie du procès-verbal sera adressée à la préfecture.

J. RUAU.

NOTA. — Des instructions spéciales ont été données aux agents des contributions indirectes par M. le Directeur général des contributions indirectes (circulaire n° 661).

Circulaire du ministre de l'Agriculture, du 5 juillet 1908, aux préfets, relative aux renseignements à prendre sur l'origine et la nature des produits prélevés.

Mon attention a été appelée sur l'insuffisance des renseignements fournis en général aux laboratoires de la répression des fraudes, en ce qui concerne la nature des échantillons soumis à leur examen.

Bien que les directeurs de ces établissements aient la faculté de demander aux services administratifs des renseignements complémentaires, il est désirable, afin d'éviter des retards, que certaines indications leur soient communiquées d'office.

C'est ainsi qu'il est notamment très utile, pour les directeurs des laboratoires, de connaître avec exactitude non seulement la dénomination sous laquelle un vin est mis en vente, mais encore le régime de ce vin, son prix de vente et, s'il y a lieu, la nature des éléments de coupage (quand il ne s'agit pas de vin d'origine déterminée).

D'autre part, en raison de l'intérêt que présentent les prélèvements de comparaison (qui ne doivent pas être confondus avec des actes d'instruction proprement dits), je ne saurai trop vous recommander d'y faire procéder d'office chaque fois que la chose sera possible. « Dans ce cas, il est indispensable de signaler aux laboratoires quels sont les échantillons à comparer, ainsi que les conditions dans lesquelles ils ont été prélevés en indiquant, par exemple, qu'ils proviennent de deux établissements différents. Celui du détaillant et celui du fournisseur, ou du même établissement (un échantillon prélevé au cours du débit au comptoir; un autre échantillon prélevé à la cave sur ce qui reste dans le fût).

Des renseignements précis à cet égard donnent au directeur du laboratoire la possibilité de reconnaître par comparaison la fraude avec certitude. Ils permettent, en outre, de discerner ultérieurement à qui incombe la responsabilité du délit commis.

Ces observations visent tous les produits et notamment le vin et le lait.

Pour ce dernier, il est en *outre important* d'indiquer au laboratoire si l'échantillon prélevé provient d'une seule étable, de la traite du matin ou du soir, ou s'il s'agit d'un lait moyen obtenu par ramassage dans une région déterminée.

De même pour le beurre, il est nécessaire de faire connaître si le produit provient d'une seule ferme ou d'une beurrerie.

Je vous prie donc de vouloir bien donner des instructions pour que les agents du service s'efforcent d'obtenir sur la nature, l'origine, la valeur du produit prélevé, des renseignements aussi complets que possible.

Tous ces renseignements, ainsi que, le cas échéant, l'indication de la fraude soupçonnée doivent être mentionnés avec le plus grand soin par le service administratif, sur le talon de l'étiquette de l'échantillon destiné au laboratoire et au besoin sur un feuillet spécial qui sera joint audit talon.

Enfin, j'appelle votre attention sur l'importance que présente l'insertion de la description exacte et complète des étiquettes, capsules et cachets dont sont parfois revêtus les récipients contenant les marchandises sur laquelle porte le prélèvement; de la sorte, lorsqu'il s'agira des produits vendus sous des marques d'origine, dans des récipients encore intacts, l'autorité judiciaire pourra plus sûrement discerner si la fraude doit être imputée au vendeur ou à son fournisseur.

Je n'ai pas besoin d'ajouter que, parmi les indications destinées à éclairer dans ses recherches le chimiste du laboratoire, il ne doive s'en trouver aucune qui puisse révéler le nom du vendeur ou du détenteur du produit, c'est-à-dire porter atteinte aux garanties légitimes données aux intéressées par le décret du 31 juillet 1906.

JOSEPH RUAU.

Arrêté du 9 mars 1907.

Conformément à l'arrêté en date du 18 janvier 1907, pris par le ministre de l'Agriculture et le ministre du Commerce et de l'Industrie, les laboratoires admis à procéder à l'examen des échantillons prélevés ne pourront employer pour l'analyse des laits, laits concentrés et laits desséchés, que les méthodes décrites ci-après :

Laits

Avant de procéder à l'analyse, il faut avoir soin d'agiter le lait pour le rendre homogène. Cette agitation doit être renouvelée avant chaque prise d'essai.

DENSITÉ

Prendre la densité du lait au lacto-densimètre de Quevenne et Bouchardat.

Ramener les déterminations à 15° de température.

EXTRAIT SEC

Évaporer 10 centimètres cubes de lait dans une capsule en platine à fond plat, de 70 millimètres de diamètre et 20 millimètres de hauteur.

Chauffer pendant 7 heures sur un bain-marie fermé par un couvercle de cuivre dans lequel sont ménagées des alvéoles de la dimension des capsules. Ces alvéoles plongent dans l'eau bouillante du bain-marie et le dégagement de la vapeur de celui-ci se fait par une cheminée latérale. La proportion d'extrait est calculée par litre de lait.

CENDRES

Incinérer avec précaution, sans dépasser le rouge sombre, l'extrait précédent, jusqu'à ce que les cendres soient blanches (ou jaunes, si le lait a été additionné de bichromate de potassium, cette coloration indiquant que le chrome est bien réoxydé).

S'il y a du bichromate, le doser, par la méthode suivante, et déduire son poids de celui des cendres.

DOSAGE DU BICHROMATE DE POTASSIUM

Ce dosage s'effectue sur les cendres précédentes.

Liqueurs nécessaires :

1° Solution de sulfate double de fer et d'ammoniaque à 7 grammes par litre correspondant à 1 gramme de fer ;

2° Solution de permanganate de potassium à $0^{gr},5646$ par litre correspondant à 1 gramme de fer.

Ces liqueurs se correspondent volume à volume.

Le titre exact de la solution de permanganate est fixé en fonction de la solution de sulfate double de fer. La solution de permanganate de potassium se conservant très longtemps servira par la suite à vérifier le titre de solution de sulfate double de fer.

Fixation du titre des solutions (1 et 2) :

Placer 20 centimètres cubes de la solution de sulfate double dans un vase, ajouter 5 centimètres cubes d'acide sulfurique pur et 25 centimètres cubes d'eau.

La liqueur de permanganate étant contenue dans une burette graduée, en verser dans la solution précédente jusqu'à légère coloration rosée et noter le nombre de centimètres cubes de permanganate employés.

Essais :

Les cendres sont introduites à l'aide de 25 centimètres cubes d'eau environ dans un verre à pied, dans lequel on ajoute 5 centimètres cubes d'acide sulfurique pur et 20 centimètres cubes de la solution de sulfate double de fer titré.

Après réduction de l'acide chromique, laquelle est immédiate, tirer l'excès de sel ferreux avec la solution de permanganate de potassium placé dans une burette graduée.

Le nombre de centimètres cubes de permanganate ajouté est retranché de 20 centimètres cubes. Cette différence représente la quantité de sulfate double employé à la réduction de l'acide chromique.

Un centimètre cube de sulfate double correspond à 0,000875 de bichromate de potasse.

LACTOSE, BEURRE ET CASÉINE

On peut employer l'un des deux procédés ci-dessous (Bordas et Touplain), suivant que le laboratoire est pourvu ou non d'un appareil à centrifugation.

1° *Procédé par centrifugation.*

Lactose. — *Réactifs :*

Alcool à 65° acidifié au 1/1000 par de l'acide acétique ;

Alcool 50-55° ;

Liqueur de Fehling (10 centimètres cubes de liqueur correspondant à 0,050 de glucose ou à 0,06925 de lactose hydraté).

1° Placer 25 centimètres cubes d'alcool acidifié dans le tube taré du centrifugeur, mesurer exactement 10 centimètres cubes de lait et les verser goutte à goutte dans le réactif précédent en évitant, autant que possible, de remuer le mélange ;

2° Centrifuger pendant une minute environ ; une fois l'appareil arrêté, boucher le tube en verre du centrifugeur et le retourner quatre ou cinq fois sans agitation brusque, de manière à rendre le liquide (lacto-sérum) homogène. Abandonner le tout au repos pendant un quart d'heure environ ;

3° Centrifuger à nouveau et décanter de suite le liquide clair dans une fiole jaugée de 100 centimètres cubes ;

4° Laver le coagulum attaché au fond du tube en le délayant avec l'agitateur dans 25 centimètres cubes d'alcool 50-55° qu'on ajoute dans le tube ;

5° Centrifuger et décanter le liquide comme précédemment dans la fiole de 100 centimètres cubes et faire l'affleurement à 100 centimètres cubes avec de l'eau distillée (¹) ;

6° Doser la lactose par réduction de la liqueur de Fehling.

Pour cela, placer 10 centimètres cubes de liqueur de Fehling dans une fiole de 125 centimètres cubes environ, y ajouter 20 centimètres cubes d'eau distillée ;

La solution de lactose étant contenue dans une burette à robinet, en verser à peu près 10 centimètres cubes dans un réactif dilué précédemment. Porter le mélange à l'ébullition pendant trois minutes;

Compléter la réduction de la liqueur de Fehling en ajoutant, par petites portions, la solution sucrée jusqu'à décoloration complète du liquide de la fiole.

BEURRE ET CASÉINE. — *Réactifs :*

Alcool à 95° ;

Ether à 65°.

1° Délayer avec l'agitateur le coagulum contenu dans le tube du centrifugeur, dans un mélange de 10 centimètres cubes d'alcool et 20 centimètres cubes d'éther ;

2° Centrifuger et décanter le liquide éthéro-alcoolique dans un ballon taré ;

3° Laver l'insoluble contenu dans le tube, avec 20 centimètres cubes d'éther, en remuant le mélange avec l'agitateur ;

(¹) Si la solution est d'une teinte jaune trop accentuée par suite de la présence du bichromate, on ajoute une petite quantité d'une solution d'acétate de plomb avant de compléter le volume à 100 centimètres cubes ; on agite et on filtre.

4º Centrifuger et décanter de nouveau l'éther dans le ballon qui contient déjà le liquide éthéro-alcoolique précédent;

5º Chasser, par distillation, l'éther et l'alcool du ballon. Le beurre qui reste est desséché à 100º. Peser le ballon; la différence avec son poids primitif donne la quantité de beurre pour 10 centimètres cubes de lait. Calculer la proportion par litre;

6º Diviser, au moyen de l'agitateur, la masse de caséine contenue dans le tube en verre du centrifugeur et faire la dessiccation, d'abord à basse température, puis à 100º. Peser le tube qui contient la caséine et l'agitateur; la différence avec la tare du verre donne le poids de la caséine et des matières minérales insolubles. La quantité de caséine pure est égale au poids précédent diminué du poids des cendres de la caséine obtenue.

REMARQUE. — Dans le cours des manipulations précédentes on se sert d'un agitateur qui a été taré avec le tube en verre du centrifugeur. Il n'est donc pas nécessaire de lui enlever, après chaque opération, les précipités qui y sont adhérents; il suffit qu'il ne reste pas de liquide après.

Toutes les décantations doivent être faites rapidement.

Le centrifugeur d'un diamètre de 25 centimètres, mesurés entre les fonds de deux tubes opposés en position de fonctionnement, doit tourner à 1.900 tours au minimum.

On peut employer des centrifugeurs à vitesse un peu inférieure, mais la durée de centrifugation doit alors se trouver augmentée.

2º *Procédé sans centrifugation.*

Les laboratoires qui n'ont pas d'appareil de centrifugation emploieront le procédé suivant :

LACTOSE. — *Réactifs :*

Alcool à 65º acidifié au 1/1000 par de l'acide acétique;

Alcool à 35º;

Liqueur de Fehling.

1º Placer dans un petit vase à précipité 25 centimètres cubes d'alcool acidifié. Mesurer exactement 10 centimètres cubes de lait, les verser dans le réactif précédent, goutte à goutte, en agitant, au fur et à mesure, le mélange ;

2º Après un quart d'heure de repos, filtrer le coagulum formé, sur filtre taré de 11 centimètres de diamètre, humecté préalablement avec de l'alcool. Recueillir le liquide filtré dans une fiole de 100 centimètres cubes;

3º Lorsque le filtre est égoutté, laver le vase à précipité à trois reprises différentes avec 10 centimètres cubes d'alcool à 35º. On verse chaque fois les liquides alcooliques sur le filtre, en ayant soin de laisser égoutter celui-ci après chaque lavage. On termine en arrosant le filtre avec 10 centimètres cubes d'alcool à 35º. Tous ces liquides sont recueillis dans la fiole jaugée précédente, et on complète le volume à 100 centimètres cubes avec de l'eau distillée ([1]);

4° Opérer le dosage au moyen de la liqueur de Fehling comme il a été indiqué précédemment.

BEURRE ET CASÉINE. — *Réactifs :*

Alcool à 95° ;

Ether à 65°.

1° Essorer entre des doubles de papier buvard le filtre contenant le coagulum (beurre, caséine) et l'introduire dans l'appareil à épuisement du Soxhlet ;

2° Verser sur le filtre 10 centimètres cubes d'alcool à 95° en laissant le précipité s'humecter un instant ;

3° Mettre dans le petit ballon taré de l'appareil 40 centimètres cubes d'éther, et faire l'épuisement comme de coutume en chauffant l'éther dans un bain d'eau à une température d'environ 40° ;

4° L'épuisement terminé, détacher le ballon de l'appareil et évaporer le solvant. Peser ce ballon ; la différence avec son poids primitif donne la quantité de beurre pour 10 centimètres de lait. Calculer la proportion par litre de lait ;

5° Le filtre contenant la caséine et les sels insolubles est desséché à l'étuve à 100°, puis pesé. En retranchant de ce poids celui du filtre ainsi que le poids des sels insolubles, on obtient le poids de la caséine pure pour 10 centimètres cubes de lait. Calculer la proportion par litre. La détermination des cendres insolubles se fait en incinérant un poids connu de la caséine précédente.

DIFFÉRENCIATION DU LAIT CRU D'AVEC LE LAIT CUIT

Placer 5 centimètres cubes de lait dans une capsule à fond plat de 5 centimètres de diamètre. Verser une goutte d'eau oxygénée sans remuer le lait, puis verser une goutte de paraphénylènediamine à 3 0/0 : le lait cru donne une coloration bleu foncé.

RECHERCHE DE L'EAU OXYGÉNÉE

Inversement, la réaction précédente sert à reconnaître la présence de l'eau oxygénée dans le lait, dans le cas toutefois où son addition est récente.

RECHERCHE DES ANTISEPTIQUES (ACIDE SALICYLIQUE, ACIDE BORIQUE, FORMOL)

Voir l'instruction spéciale.

[1] Même remarque que précédemment si la liqueur est trop fortement colorée en jaune.

RECHERCHE DES BICARBONATES ALCALINS

Evaporer 20 centimètres cubes de lait dans une capsule de platine. Après dessiccation, porter la capsule dans un moufle et chauffer lentement tant que des vapeurs empyreumatiques se dégagent. Elever ensuite la température du moufle sans dépasser le rouge naissant : dès que le charbon est brûlé, et quand les cendres sont de couleur grise, retirer la capsule et reprendre les cendres par l'eau.

Filtrer, et dans la solution aqueuse ajouter 10 centimètres cubes d'acide sulfurique décinormal; faire bouillir pour chasser l'acide carbonique. Titrer ensuite l'excès d'acide au moyen de soude décinormale en présence de phtaléine comme indicateur. Soit n le nombre de centimètres cubes de soude employés,

$$(10 - n) \times 0,265$$

donnera l'alcalinité exprimée en CO^3Na^2 par litre de lait.

Laits concentrés sucrés ou non.

Peser 20 grammes de lait, les délayer dans l'eau froide et amener à 100 centimètres cubes.

EXTRAIT, CENDRES, LACTOSE, BEURRE ET CASÉINE

Opérer comme pour le lait ordinaire. Rapporter les résultats à 100 grammes de lait concentré.

SACCHAROSE

La solution ayant servi au dosage du lactose est invertie de la manière suivante : 50 centimètres cubes de cette solution sont placés dans un ballon jaugé de 100 centimètres cubes, on ajoute un demi-centimètre cube d'acide chlorhydrique pur; on agite et on place le ballon pendant dix minutes sur un bain-marie dont l'eau est maintenue en ébullition ; on laisse refroidir, on complète le volume à 100 centimètres cubes et on opère le dosage au moyen de la liqueur de Fehling. On calcule en glucose ce pouvoir réducteur (G) et on calcule également en glucose le pouvoir réducteur du liquide avant l'inversion (G').

La proportion de saccharose est donnée par la formule :

$$(G - G') \times 0,95.$$

Laits desséchés en poudre.

1° Épuiser 2 grammes de lait avec de l'éther et peser le beurre après évaporation du solvant ;

2° L'insoluble obtenu est épuisé : *a*) par un mélange de 10 centimètres cubes d'eau et 25 centimètres cubes d'alcool à 65°, acidifié au 1/1000 par de l'acide acétique ; *b*) après décantation ou filtration du liquide précédent, laver avec 20 centimètres cubes d'alcool à 50-55° ;

3° Les liquides recueillis servent au dosage des sucres par la méthode indiquée plus haut ;

4° La caséine résiduelle des opérations précédentes est séchée, puis pesée ; en déduire le poids de ses cendres pour obtenir la quantité de caséine pure ;

5° L'humidité et les cendres se font sur 2 grammes de lait.

On devra rechercher, dans les laits en poudre, la présence des bicarbonates alcalins fréquemment employés.

Circulaire du ministre de la Justice, du 29 septembre 1908, aux procureurs généraux près les cours d'appel.

La loi du 1er août 1905 sur la répression des fraudes dans la vente des marchandises et des falsifications des denrées alimentaires et des produits agricoles est destinée à sauvegarder tout à la fois la santé publique et la production nationale ; il est donc essentiel d'en assurer la stricte observation et je ne puis, à cet égard, que vous rappeler les instructions de mes prédécesseurs des 29 septembre et 29 octobre 1906 et 5 mars 1907.

Mais les mesures que cette loi a édictées en vue d'atteindre plus sûrement et plus efficacement la fraude sous toutes ses formes, ne sauraient dégénérer en une cause de troubles et de vexations pour le commerce honnête et l'industrie loyale ; dès lors, si elles doivent être appliquées avec fermeté et sans aucune défaillance, il importe qu'elles le soient, en même temps, avec tact et discernement.

C'est dans cet esprit qu'il convient d'examiner les diverses difficultés qui sont nées ou qui paraîtront de la mise à exécution de la loi du 1er août 1905 et du décret du 31 juillet 1906 et que je me suis efforcé de déterminer les solutions à donner à diverses questions ci-après exposées.

Ces solutions ont été concertées avec M. le ministre de l'Agriculture.

I. — Attributions du procureur de la République

Le procureur de la République saisi par le préfet, en vertu de l'article 15 du décret du 31 juillet 1906, d'un rapport par lequel le laboratoire administratif chargé de l'analyse et du triage des échantillons signale une infraction à la loi du 1er août 1905, n'est pas tenu par là même d'exercer des poursuites; il lui incombe, avant de mettre l'action publique en mouvement, de procéder à un examen personnel, en la forme et au fond, tant du procès-verbal de prélèvement d'échantillons que du rapport du laboratoire.

Il commence par s'assurer que le procès-verbal est régulier et que les opérations qui y sont relatées ont été effectuées dans les conditions prescrites par la loi et le règlement d'administration publique.

Il recherche ensuite si les analyses ont été pratiquées conformément aux dispositions réglementaires et si les conclusions du laboratoire sont suffisamment formelles et précises pour servir de base à des poursuites. Au cas où le rapport lui paraît présenter des obscurités, des incertitudes ou des lacunes, il est libre de réclamer un complément de rapport destiné à lui fournir les explications dont il a besoin ; mais *il ne doit pas oublier que les analyses confiées au laboratoire de triage n'ont qu'un caractère indicatif et ne constituent pas une véritable expertise.*

Il a donc à s'entourer de tous renseignements complémentaires susceptibles de confirmer ou d'infirmer le soupçon de fraude que l'examen sommaire, auquel le laboratoire administratif s'est livré, a fait naître ; *il s'enquerra notamment de l'origine du produit, car, en certains cas elle sera susceptible d'expliquer par des causes naturelles la composition d'un échantillon qui a été dénoncée comme anormale.*

Le procureur de la République peut, en outre, interroger la personne chez laquelle le prélèvement a été opéré et l'inviter à lui fournir ses justifications.

Après avoir ainsi vérifié les pièces qui lui ont été transmises et procédé à une enquête attentive, il classe l'affaire s'il estime que les conditions de forme et de fond nécessaires pour engager des poursuites ne sont pas remplies.

Si, au contraire, il lui paraît que ces conditions se trouvent réunies, il a le choix entre deux modes d'exercice de l'action publique ; il lui appartient, selon les circonstances, de requérir du juge d'instruction l'ouverture d'une information préalable ou de procéder par voie de citation directe.

La première procédure s'impose lorsque les conclusions du laboratoire sont contestées, car il est indispensable dans cette hypothèse de recourir à l'expertise contradictoire.

La seconde est préférable lorsque le propriétaire ou détenteur de la marchandise a renoncé à l'expertise et formellement reconnu sa culpabilité.

Elle a, en effet, le double mérite d'être plus expéditive et moins coûteuse.

II. — EXPERTISE

1° *Désignation par l'inculpé de son expert.* — L'article 18 du décret du 31 juillet 1906, après avoir institué l'expertise contradictoire à laquelle il doit être procédé par deux experts, dont l'un est désigné par le juge d'instruction et l'autre par la personne contre laquelle l'instruction est ouverte, formule les dispositions suivantes :

« Les experts sont choisis sur les listes spéciales de chimistes experts, dressées dans chaque ressort par les cours d'appel ou les tribunaux civils. L'inculpé pourra toutefois choisir son expert sur les listes dressées par la cour d'appel ou le tribunal civil du ressort d'où il aura déclaré que provient la marchandise suspecte. »

L'inculpé a toute liberté pour choisir l'un quelconque des experts portés sur les listes spécifiées par l'article 18, mais il n'a pas le droit de désigner un expert en dehors de ces listes.

C'est ce qui ressort des termes mêmes dudit article, et cette conclusion s'impose encore avec plus d'évidence si l'on rapproche l'article 18 de l'article 20 aux termes duquel le tiers expert qui, en cas de désaccord des experts, doit être désigné soit par les experts, soit par le président du tribunal civil, « peut être choisi en dehors des listes officielles ». Ces deux articles s'opposent l'un à l'autre.

Mais j'estime que ce qui n'est pas un droit pour l'inculpé peut lui être concédé par le juge d'instruction.

Il rentre dans les pouvoirs de ce magistrat d'autoriser l'inculpé à choisir son expert en dehors des listes mentionnées à l'article 18.

Afin d'éviter des frais supplémentaires qui ne seraient pas réellement utiles, il refusera cette autorisation si elle lui est demandée sans motif sérieux et par simple caprice ; mais il n'hésitera pas à l'accorder toutes les fois qu'elle sera justifiée par la compétence spéciale ou la notoriété scientifique de l'expert que l'inculpé désire désigner.

Il convient d'ailleurs de noter que la liste de chimistes experts dressée pour son ressort par un tribunal n'est pas arrêtée *ne varietur* pour l'année judiciaire en cours ; elle demeure constamment ouverte et sur l'initiative du procureur de la République ou du juge d'instruction elle peut, à tout moment, être complétée au fur et à mesure des nécessités que l'instruction des affaires de fraudes fait apparaître.

2° *Mode de procéder des experts.* — L'article 19 du décret du 31 juillet 1906 porte qu' « aucune méthode officielle n'est imposée aux experts » et qu' « ils opèrent à leur gré, ensemble ou séparément, chacun d'eux étant libre d'employer des procédés qui lui paraissent le mieux appropriés ».

Il résulte de ces dispositions que les deux experts désignés comme il est dit à l'article 18, l'un par le juge d'instruction et l'autre par la personne contre laquelle l'instruction est ouverte, sont libres de procéder, soit en commun, soit chacun de son côté, aux analyses, expériences et autres opérations que comporte leur mission technique.

Mais, s'ils opèrent séparément, ils ne doivent pas oublier cependant que, pour répondre aux prescriptions formelles de la loi et du règlement d'administration publique, l'expertise doit être contradictoire.

Or, on ne saurait admettre qu'elle présente réellement ce caractère que si les experts, avant d'arrêter leurs conclusions et de déposer leurs rapports, se communiquent et discutent entre eux les résultats de leurs travaux.

Ils pourront ainsi se mettre d'accord ou, s'ils ne parviennent pas à s'entendre, ils seront, du moins, à même de préciser d'une façon claire et nette dans leurs rapports les points sur lesquels ils diffèrent d'avis et les raisons de cette divergence d'opinions. Dans la première hypothèse, la tierce expertise sera évitée et, dans la seconde, la tâche du tiers expert et de la justice sera singulièrement facilitée.

Il importe donc qu'avant toute opération d'expertise le juge d'instruction donne aux experts, à cet égard, les instructions nécessaires et qu'après le dépôt des rapports il s'assure qu'elles ont été observées. Si elles ne l'ont pas été, il invitera les experts à recommencer leur rapport dans les conditions ci-dessus spécifiées de manière que leurs conclusions aient un caractère contradictoire.

III. — TIERCE EXPERTISE

Aux termes de l'article 20 du décret du 31 juillet 1906, « si les experts sont en désaccord, ils désignent un tiers expert pour les départager. A défaut d'entente pour le choix de ce tiers expert, il est désigné par le président du tribunal civil. »

Bien entendu, il n'y a matière à tierce expertise que si le désaccord des experts porte sur les questions de fait et non sur les questions de droit, car les premières seules sont de leur compétence ; s'ils se prononcent sur les secondes, ils dépassent les limites de leur mandat purement technique et il n'y a pas à tenir compte des conclusions juridiques qu'ils ont cru devoir formuler. Dès lors que leurs conclusions sur les points de fait sont concordantes, il ne doit pas être procédé à une tierce expertise qui serait légalement sans objet.

IV. — INCULPATION EN COURS D'INFORMATION DU FOURNISSEUR
DE LA MARCHANDISE. — MESURES D'INSTRUCTIONS APPLICABLES

Il peut arriver que le propriétaire ou le détenteur de la marchandise sur laquelle ont été prélevés des échantillons excipe de sa bonne foi en présence des résultats défavorables de l'analyse opérée par le laboratoire administratif et affirme, pour se disculper, que s'il a été commis une fraude, elle est imputable à l'industriel ou au commerçant de qui il tient la marchandise.

Il va de soi que cette simple assertion ne saurait suffire pour que le juge d'instruction inculpe l'industriel ou le commerçant qui est dénoncé comme ayant fourni la marchandise.

Le magistrat instructeur commencera par rechercher si véritablement la marchandise a la provenance indiquée. Si l'affirmative lui paraît démontrée, il aura soin, avant de mettre le fournisseur en cause, de recueillir sur son compte tous les renseignements utiles et même la prudence lui commandera, dans bien des cas, de ne l'inculper qu'après qu'il aura été procédé à l'expertise contradictoire et que celle-ci aura corroboré les résultats de l'analyse opérée par le laboratoire administratif. Il sera, en effet, souvent prématuré d'impliquer le fournisseur dans les poursuites tant que l'existence du délit n'aura pas été confirmée et qu'il ne sera pas établi que la marchandise déclarée suspecte par le laboratoire administratif est effectivement entachée de fraude.

Si le juge d'instruction, après avoir réuni tous les renseignements indispensables, croit devoir donner suite à la dénonciation dont le fournisseur de la marchandise a été l'objet, il sera amené à opérer lui-même ou à faire opérer par commission rogatoire un nouveau prélèvement d'échantillons sur les marchandises similaires qui se trouvent chez le fournisseur ou qui, expédiées par lui, sont encore en cours de route; c'est ce que dans la pratique on appelle un prélèvement d'instruction, par opposition au prélèvement administratif régi par le décret du 31 juillet 1906. Cette mesure permet de procéder à une comparaison qui s'impose pour déterminer les responsabilités pénales respectivement encourues par le vendeur et l'acheteur de la marchandise déclarée suspecte par le laboratoire.

Le prélèvement d'instruction n'est pas assujetti aux règles spéciales tracées par le décret du 31 juillet 1906; il est opéré conformément aux dispositions générales édictées par le code d'instruction criminelle.

Mais il sera sage d'appliquer par analogie les prescriptions du décret du 31 juillet 1906 relatives au nombre et à la destination des échantillons à prélever.

A la rigueur, le juge d'instruction pourrait se contenter du prélèvement de trois échantillons, qui suffiraient pour que l'expertise contradictoire, telle que l'a voulue la loi du 1er août 1905, pût avoir lieu.

Mais, s'il est prélevé un quatrième échantillon, le magistrat instructeur aura le moyen de faire procéder par un expert qu'il désignera à une analyse préalable analogue à celle qui est confiée au laboratoire administratif par l'article 12 du décret du 31 juillet 1906 et, selon les résultats de cet examen, l'expertise contradictoire pourra devenir inutile.

Il y a donc avantage à ce que le juge d'instruction suive d'aussi près que possible, en pareille occurrence, les prescriptions du décret du 31 juillet 1906 bien qu'alors elles ne s'imposent pas légalement à lui et qu'il n'ait d'autre obligation que de donner à l'expertise le caractère contradictoire, dont il ne saurait la priver sans se mettre en contradiction avec la loi du 1er août 1905.

Il va de soi que le juge d'instruction, au lieu de procéder ou de faire procéder à un prélèvement d'instruction dans les formes judiciaires, est libre, selon les circonstances, de se borner à provoquer officieusement un prélèvement administratif.

V. — FRAIS

Les frais nécessités par les prélèvements administratifs, y compris le remboursement éventuel du prix des échantillons, restent dans tous les cas à la charge de l'administration, qu'il ait été ou non donné une suite judiciaire à ces prélèvements, et ils incombent, selon les espèces, soit au ministère de l'Agriculture (décret du 31 juillet 1906, art. 14), soit au ministère de la Guerre ou de la Marine (décret du 5 juin 1908, art. 7).

Quant aux frais afférents aux prélèvements d'instruction et aux expertises, ils sont acquittés et recouvrés conformément aux règles du droit commun en matière de dépens.

Les instructions qui précèdent sont destinées à guider vos substituts et les juges d'instruction dans la solution des questions d'ordre judiciaire que soulève l'application de la législation sur les fraudes. Je n'ai pas eu la prétention d'envisager toutes les difficultés qui peuvent se présenter, mais il appartiendra aux magistrats du parquet et de l'instruction de résoudre celles sur lesquelles je ne me suis pas expliqué, et s'inspirant des considérations fondamentales qui sont exposées au début de cette circulaire; ils s'appliqueront, comme j'y ai tâché moi-même, à sauvegarder à la fois les intérêts de la répression et ceux de la défense.

Je suis d'ailleurs tout disposé à compléter mes instructions sur les points que, spontanément ou à la demande de vos substituts ou des juges d'instruction, vous croirez devoir signaler à mon attention.

Je vous prie de m'accuser réception de la présente circulaire dont je vous transmets des exemplaires en nombre suffisant pour que vous puissiez la communiquer aux chefs de parquet et aux juges d'instruction de votre ressort.

A. BRIAND.

Circulaire du ministre de l'Agriculture, du 4 février 1910, aux agents du service de la répression des fraudes : Observations sur le prélèvement des échantillons de lait et l'emploi du lactodensimètre.

Un certain nombre d'agents se servent du lactodensimètre afin de faire un choix parmi les échantillons de lait. Ils ne prélèvent que ceux pour lesquels ces instruments indiquent qu'il y a mouillage ou écrémage.

Cette manière de procéder présente d'incontestables avantages. Toutefois il importe de n'attacher aux indications du lactodensimètre qu'une confiance limitée, en ce sens qu'un lait mouillé et écrémé, c'est-à-dire doublement falsifié, peut paraître normal si l'on considère seulement sa densité.

La crème est plus légère que le lait puisqu'elle monte à la surface : donc, si l'on enlève au lait cette matière légère (écrémage), la densité du lait augmente.

Par contre, si on ajoute de l'eau, qui est plus légère que le lait, la densité du lait ainsi mouillé diminue.

Ainsi, l'écrémage et le mouillage simultané peuvent ne pas modifier la densité du lait, en raison de la compensation qui se produit.

Par conséquent les indications du lactodensimètre, qui sont basées sur la densité du lait, ne sont probantes que si le lait est écrémé seulement, ou seulement mouillé.

Mais, quand la densité est normale, cela ne prouve pas que le lait soit bon, puisqu'il peut y avoir eu mouillage en même temps qu'écrémage.

Dès lors il est nécessaire d'attacher une grande importance à la quantité de crème et il faut prélever des échantillons sans hésiter lorsque le lait, bien qu'ayant une densité normale, paraît écrémé, ce dont on peut se rendre compte assez facilement par la teinte et le goût du produit.

Le mieux serait, évidemment, dans les cas de ce genre, de déterminer exactement la teneur du lait en beurre ; mais c'est là une opération qui, même avec certains appareils rapides, me paraît ne pouvoir se faire convenablement qu'au laboratoire.

En résumé, on voit qu'il y a lieu de procéder au prélèvement :

1° Quand le lait présente une densité anormale ;

2° Quand la densité étant anormale, le lait paraît écrémé.

J. RUAU.

N. B. — Il ne faut pas perdre de vue que les indications du lacto-densimètre sont établies pour une température voisine de 15°.

Le lait plus chaud peut ainsi paraître mouillé, alors qu'il ne l'est pas, surtout s'il est riche en crème.

Au contraire, le lait très froid pourrait ne pas paraître mouillé alors qu'il le serait en réalité.

Arrêté du 19 juillet 1907, relatif aux méthodes qui devront être employées par les laboratoires agréés pour matières alimentaires (loi du 1er août 1905).

(EXTRAIT)

Acide borique. — L'acide borique est fréquemment ajouté dans les aliments, notamment dans les beurres et les viandes. On le recherche par le procédé suivant :

La substance est incinérée jusqu'à ce que tout le charbon soit brûlé ; s'il s'agit d'un vin, on opère sur un volume constant de 15 centimètres cubes. L'acide borique que l'on peut rencontrer dans les matières alimentaires se trouve généralement en présence d'une assez grande quantité de bases alcalines et terreuses pour que les pertes par volatilisation soient négligeables. S'il n'en était pas ainsi, il suffirait d'ajouter une trace de carbonate alcalin.

Dans le cas d'une matière grasse, telle que le beurre, au lieu d'incinérer la substance, il sera préférable de la faire fondre et de l'épuiser par de l'eau tiède contenant 1 ou 2 centigrammes de carbonate de soude ; l'eau sera ensuite évaporée et le résidu calciné légèrement.

Les cendres sont traitées par des volumes déterminés d'acide sulfurique et d'alcool méthylique. Un centimètre cube d'acide sulfurique suffit pour humecter les cendres de 25 centimètres cubes de vin. On égoutte dans un petit ballon le liquide qui peut être séparé, et on lave le fond du vase avec 3 centimètres cubes d'alcool méthylique ajoutés en deux ou trois fois, en réunissant dans le ballon ces portions successives. On bouche aussitôt le ballon et on l'adapte à un réfrigérant; on chauffe le mélange jusqu'à apparition des vapeurs blanches d'acide sulfurique et on enflamme ensuite le liquide distillé, recueilli en évitant une évaporation partielle, après l'avoir transvasé dans une petite soucoupe. La flamme, surtout lorsqu'on l'observe en se plaçant devant un fond noir et en évitant une lumière trop intense, est déjà très nettement colorée en vert, principalement au début, par une quantité d'acide borique ne dépassant pas un dixième de milligramme.

Acide salicylique. — La recherche de l'acide salicylique se fait au moyen de perchlorure de fer, qui donne une coloration violette très nette avec des traces excessivement faibles d'acide salicylique. La solution de perchlorure de fer doit être rigoureusement neutre, car il suffit de traces d'acides minéraux pour empêcher la réaction de se produire; aussi doit-elle être très étendue, parce que la solution concentrée contient souvent des traces d'acide chlorhydrique.

Elle doit être préparée au moment de l'emploi en diluant une solution de perchlorure de fer aussi neutre que possible, jusqu'à ce que sa coloration soit à peine sensible. L'addition de perchlorure de fer doit se faire avec précaution, un excès de réactif faisant disparaître la coloration.

La recherche de l'acide salicylique ne se fait qu'après une extraction préalable qui varie selon la substance qui le renferme.

La recherche de l'acide salicylique dans le lait doit se faire en caillant préalablement celui-ci par l'acide acétique et en épuisant par la benzine les liquides filtrés et acidulés.

Dans toutes les manipulations, il faut avoir soin d'éviter la formation d'une émulsion plus ou moins gênante; pour cela il faut avoir soin d'agiter doucement le liquide avec la benzine. On évite toute émulsion en faisant couler les deux couches des liquides dans un tube de 2 à 3 centimètres de diamètre sur 20 ou 30 centimètres de longueur, que l'on fait tourner horizontalement autour de son axe.

L'acide salicylique étant ainsi extrait au moyen de la benzine, il suffit, pour reconnaître sa présence, d'agiter la solution benzénique, amenée par concentration à environ 20 centimètres cubes, dans un tube à essai avec 5 centimètres cubes de la solution étendue de perchlorure de fer.

Aldéhyde formique. — L'aldéhyde formique est surtout utilisée pour la conservation du lait, mais on peut la trouver encore dans d'autres aliments et boissons, comme les viandes, les fruits conservés et le cidre. On la recherche par les réactifs suivant qui fournissent directement des colorations.

Recherche par la phloroglucine. — On fait usage d'une solution de phloroglucine complètement incolore à un gramme par litre et d'une solution de soude à 10 0 0 de NaOH. On verse dans un tube à essai 5 centimètres cubes environ de lait. 2 à 3 centimètres cubes de la solution de phloroglucine; on agite, puis on ajoute 1 à 2 centimètres cubes de la solution alcaline.

Quand le lait est pur, le mélange prend une teinte verdâtre et devient semi-transparent; si le lait est additionné de formol, il se développe une coloration rose saumon, fugace, qui disparaît au bout de quelques minutes. La coloration est très vive avec du lait formolé à la dose de 1/100000 ; elle est encore nette à 1/500000 ; on peut encore le percevoir au millionième par comparaison avec un lait pur.

Recherche par le phénol. — On distille. environ 100 centimètres cubes de lait et on recueille 20 à 25 centimètres cubes de liquide. Au distillat, on ajoute quelques gouttes d'une solution aqueuse très diluée de phénol et on verse l'acide sulfurique concentré de telle façon que les deux liquides se mélangent aussi peu que possible. En présence de la formaldéhyde, il se produit un anneau rouge carmin au contact des deux liquides.

Recherche par le perchlorure de fer. — Le lait formolé, traité par son volume d'acide sulfurique et quelques gouttes de perchlorure de fer, développe, surtout à chaud, une magnifique coloration violette.

Cette réaction est très sensible et permet facilement de reconnaître le lait formolé à la dose de 1/100000.

La réaction qui précède étant commune à plusieurs aldéhydes, on caractérise l'aldéhyde formique par le procédé suivant :

Procédé Trillat. — Ce procédé consiste à combiner l'aldéhyde formique avec le diméthylaniline et à oxyder la base ainsi obtenue par le bioxyde de plomb; on obtient une coloration bleue, stable à l'ébullition et correspondant à une réaction nettement définie. La diméthylaniline doit être rigoureusement rectifiée (point d'ébullition, 102°). On la conserve, dans des flacons bouchés, à l'abri de l'air et de la lumière.

On distille 100 centimètres cubes du liquide contenant le formol, de manière à obtenir environ 15 centimètres cubes de liquide distillé. Celui-ci est additionné d'un demi-centimètre cube de diméthylaniline et de 5 centimètres cubes d'acide sulfurique, à 1 0/0, dans un petit flacon que l'on bouche et que l'on place sur un bain-marie à une température d'environ 50°. Après une heure de chauffage, la condensation est terminée, on verse le contenu du flacon dans un ballon d'un demi-litre, on étend à environ 100 centimètres cubes et on alcalinise fortement avec 5 centimètres cubes de lessive de soude. On relie le ballon d'une part avec un récipient contenant de l'eau et d'autre part avec un réfrigérant incliné ; on chauffe le ballon et on fait passer en même temps un violent courant de vapeur d'eau, de manière à chasser complètement la diméthylaniline, ce que l'on reconnaît lorsqu'il ne passe plus de gouttelettes huileuses (durée du passage de la vapeur : environ dix minutes).

La base résultant de la combinaison de la diméthylaniline et du formol reste dans le résidu. Il suffit, pour une recherche qualitative, d'aciduler le liquide avec de l'acide acétique, d'en prélever quelques centimètres cubes et d'ajouter une trace de bioxyde de plomb en suspension dans l'eau (2 à 3 grammes en suspension dans 100 centimètres cubes d'eau) pour voir apparaître à l'ébullition la coloration bleue, caractéristique de l'hydrol, qui disparaît à froid et reparaît à chaud.

Pour doser la formaldéhyde, on opère sur la totalité du liquide alcalin, que l'on traite par l'éther. Par évaporation de l'éther, on obtient des cristaux de tétraméthyldiamidodiphénylméthane, du poids duquel on déduit celui de l'aldéhyde formique.

Recherche de la formaldéhyde polymérisée. — La formaldéhyde peut se rencontrer dans les aliments à l'état polymérisé, soit qu'on l'ait ajoutée à cet état, soit que la polymérisation ait été spontanée. Dans ce cas, par suite de son insolubilité complète dans l'eau, les réactions colorées donnent souvent un résultat négatif. On devra, dans ce cas, avoir recours au procédé à la diméthylaniline, qui dépolymérise le trioxyméthylène.

CHAPITRE XI

JURISPRUDENCE

Cour de cassation (Chambre criminelle)

(10 AVRIL 1908)

(MM. Bard, président ; Mercier, rapporteur ; Lénard, avocat général ; Talamon, avocat)

La Cour :

Sur le moyen unique de cassation pris de la violation des articles 2 de la loi du 1er août 1905, 6 et 10 du décret du 31 juillet 1906, 7 de la loi du 20 avril 1810 et des droits de la défense, en ce que l'arrêt attaqué (Besançon, 9 janvier 1908) aurait reconnu valable un procès-verbal établi contrairement aux prescriptions des textes qui régissent la matière, et sans observer, notamment, les formalités relatives à la rédaction immédiate du procès-verbal, à la mention qui doit y être faite de toutes les indications utiles pour l'identité de la marchandise prélevée et à l'annexion au procès-verbal du volant détaché du talon ;

Attendu que les dispositions des articles 6 et 10 du décret réglementaire du 31 juillet 1906, lesdits articles relatifs aux prélèvements d'échantillons, à leur réception par le service administratif et à leur transmission au laboratoire, ne sont pas prescrits à peine de nullité ; que les nullités étant de droit étroit, il ne saurait y être suppléé, à moins qu'il ne s'agisse de l'inobservation de prescriptions substantielles aux droits de la défense ;

Attendu qu'il résulte des énonciations de l'arrêt attaqué que le procès-verbal de prélèvement a été rédigé sans désemparer et dans un laps de temps qui n'a pas excédé celui exigé par les nécessités de la pratique ; qu'il contient toutes les indications jugées utiles pour établir l'authenticité des échantillons prélevés et l'identité de la marchandise ; que si, à un certain moment, le volant de l'étiquette ne s'est pas trouvé annexé au procès-verbal de prélèvement, ce volant a été ultérieurement rétabli au dossier où le prévenu et son

défenseur ont pu en prendre communication ; que l'arrêt ajoute
qu'aucun doute au surplus ne peut exister sur l'authenticité des
échantillons prélevés et l'identité de la marchandise ;

Attendu qu'en l'état de ces constatations la cour d'appel de
Besançon a pu déclarer que les droits de la défense avaient été sauvegardés, d'où il suit que le moyen n'est pas fondé,

Par ces motifs, rejette (¹).

Cour d'appel de Bourges

(ARRÊT DU 12 MAI 1910)

Attendu que le 26 septembre 1909 il a été procédé à un prélèvement régulier du lait introduit et mis en vente à Dun-sur-Auron par
la dame Guillon Hélène, femme Truffault ;

Qu'après analyse d'un des échantillons du liquide saisi, le laboratoire municipal de Châteauroux a conclu à un mouillage d'environ
15 0/0.

Qu'en présence des protestations de l'intéressée le parquet de
Saint-Amand a fait prendre officiellement, le 31 octobre 1909, par
M. le juge de paix de Dun, un échantillon de lait provenant de
l'étable Truffaut, lait dont la traite a été effectuée par la prévenue
elle-même en présence de ce magistrat et dont l'examen a été confié
à M. Dussaigne, pharmacien à Saint-Amand, lequel, après comparaison des résultats obtenus par l'analyse de ce liquide avec ceux
du rapport du laboratoire de Châteauroux, a conclu à un *très léger*
mouillage du lait incriminé ;

Qu'enfin, sur l'affirmation réitérée de la prévenue qu'elle n'avait
jamais mouillé le produit de la traite du 26 septembre, une nouvelle
analyse d'un des échantillons prélevés à cette date a été opérée
par M. Camus, pharmacien de 1ʳᵉ classe à Saint-Amand, lequel a
conclu à un mouillage d'environ 8 0/0 ;

Attendu que si l'on compare les analyses du même lait, provenant
du même prélèvement, faites à Châteauroux et à Saint-Amand,
l'on constate les différences suivantes dans les résultats obtenus :

	Châteauroux	Saint-Amand
Densité	1028	1029
Extrait sec	115ᵍʳ,10	120ᵍʳ,26
Lactose	46 ,20	47 ,10
Beurre	33 ,50	32 ,50
Caséine	29 ,30	28 ,10
Cendres	6 ,30	6 ,44

(¹) Dalloz, 1909, 1ʳᵉ partie, p. 224.

d'où l'on est en droit de conclure que les échantillons n'ont pas été prélevés avec tout le soin désirable pour obtenir un lait homogène ou que la détermination du dosage des éléments du lait est difficile et quelque peu aléatoire ;

Attendu, d'ailleurs, que si l'on compare ces résultats avec ceux qui sont indiqués par M. Dussaigne pour le lait de comparaison, soit :

Densité.............................	1028
Extrait sec...........................	124gr,60
Lactose.............................	51 ,85
Beurre.............................	31 ,00
Caséine.............................	32 ,00
Cendres	7 ,00

on constate que si la densité est sensiblement la même pour les trois échantillons, et si le lactose et la caséine sont en quantité inférieure dans les prélèvements incriminés, que dans le lait de comparaison la proportion de beurre y est plus considérable ;

Attendu, d'autre part, que les conditions dans lesquelles le prélèvement du lait de comparaison a été effectué ne permettent pas d'en tirer des conclusions sûres et certaines ;

Qu'en effet, ce prélèvement n'a eu lieu que plus d'un mois après l'autre, alors que les vaches traites étaient en partie nourries de maïs et de choux-raves, tandis que, lors de la saisie des échantillons incriminés, elles pacageaient dans un pré marécageux ; — que ces bêtes n'étaient plus que deux au lieu de trois ; — qu'enfin, si le magistrat cantonal indique bien, dans son procès-verbal du 31 octobre, que les opérations auxquelles il a été procédé ont eu lieu à neuf heures et demie du matin, il ne dit point si la traite habituelle de la vacherie, qui se fait quotidiennement entre cinq et six heures du matin, avait été effectuée ;

Attendu qu'il est incontestable que l'alimentation, l'aptitude individuelle (et par suite le nombre des bêtes), l'heure de la traite (lorsqu'on en fait trois, deux ou une chaque jour), la manière d'opérer cette traite, sont des facteurs importants au point de vue des variations, en quantité et qualité, de la production laitière ;

Attendu que, en raison de ces circonstances, les conclusions de l'expert Dussaigne, quelque consciencieuse que soit son analyse, ne sont pas de nature à entraîner à elles seules la conviction de la cour ; qu'il en est de même de celles du laboratoire de Châteauroux, qui paraissent exagérées lorsqu'on les compare à celles des autres rapports ;

Mais attendu que si, parmi les matières qui entrent dans la composition du lait, le beurre figure en proportion essentiellement variable, il n'en est pas de même des autres éléments ; que tous les analystes, aussi bien en France qu'à l'étranger, sont d'accord pour reconnaître que la somme de ces derniers représente un chiffre à peu près fixe de 90 à 95 grammes par litre ; qu'il suffit pour le déterminer de peser l'extrait obtenu par dessiccation à 100° d'un certain volume de lait et d'en défalquer la quantité de beurre correspondante, mesurée, d'autre part, par un essai spécial ;

Que cette règle ne reçoit que de très rares exceptions, mais qu'il faut toutefois, d'après le chef du service de la répression des fraudes au ministère de l'Agriculture, M. Roux, dans le *Traité sur les fraudes et falsifications*, dont il est l'un des auteurs (t. I. n° 1264), admettre une oscillation d'un dixième du chiffre moyen ;

Attendu que l'expert Camus, le seul qui ait procédé à ce dosage, a trouvé que le lait incriminé contenait 87gr,76 *d'extrait sec dégraissé ;*

Attendu que ce poids rentre dans la tolérance ci-dessus indiquée ;

Qu'en effet, si l'on prend le chiffre de 92gr,50 comme richesse moyenne du lait pur en extrait sec dégraissé, l'oscillation d'un dixième ramène à 87gr,50 la quantité minima d'extrait sec dégraissé que l'on est en droit d'exiger d'un lait non mouillé ;

Attendu enfin que l'expert chargé de l'analyse du lait de comparaison n'a pas indiqué la teneur de celui-ci en extrait sec dégraissé, et que la cour n'a à sa disposition aucune donnée sérieuse, officieuse ou officielle, lui permettant de se rendre compte de la composition moyenne d'un lait pur dans la région susindiquée ;

Attendu que, dans ces conditions, il existe, dans l'esprit de la cour, un doute qui doit bénéficier à la prévenue,

Par ces motifs,

Réformant la décision dont est appel, renvoie la femme Truffault, née Guillon, des fins de la plainte, sans dépens (¹).

Tribunal correctionnel de la Seine (8ᵉ chambre)

(JUGEMENT DU 22 AVRIL 1910)

Présidence de M. Lemercier)

Attendu que Ramon (Joseph), nourrisseur, est poursuivi pour avoir, à Clichy (Seine), le 25 septembre 1908, falsifié du lait, destiné à être vendu, par addition d'une certaine quantité d'eau et mis en vente ce lait, qu'il savait ainsi falsifié ;

Attendu que, le 25 septembre 1908, Crosnier, commissaire de police, a opéré des prélèvements sur la voiture de l'inculpé au cours de sa tournée de livraison, que l'analyse indicative faite par le labo-

(¹) *Lois nouvelles*, 15 octobre 1910.

ratoire central a relevé que les laits prélevés étaient mouillés à 17 et 18 0/0 environ ; que, des laits de comparaison ayant été prélevés au moment de la traite, le 30 octobre 1908, c'est-à-dire un mois après, il a été procédé encore à une autre par le laboratoire d'Etat, qui a donné les résultats suivants : « Laits bons pour les premiers échantillons des trois premiers prélèvements ; lait suspect d'écrémage pour le premier échantillon du quatrième prélèvement » ;

Attendu que les experts contradictoires ont conclu que les laits de comparaison étaient bons, que les autres, prélevés le 25 septembre, présentaient les caractères de lait mouillé, ayant une valeur nutritive faible et une qualité marchande insuffisante, ajoutant que, si on s'en rapportait aux explications de l'inculpé, qui attribue la faiblesse de son lait à la nourriture et à la race de certaines de ses vaches, celles-ci ne sauraient être admises que si les conditions suivantes étaient réunies : a) vaches appartenant en majorité à la race hollandaise ; b) vaches nourries systématiquement d'aliments aqueux ; c) vaches ayant reçu peu avant la traite une quantité notable d'eau de boisson ; qu'il échet d'admettre telles qu'elles sont formulées les conclusions des experts, qui sont l'expression de la réalité ; qu'il reste donc à examiner si le fait volontaire de nourrir des vaches avec des aliments aqueux, ou les forçant à absorber beaucoup d'eau, ou encore de leur faire boire de l'eau peu de temps avant la traite, est un procédé licite et honnête de nourriture, et s'il constitue le délit de falsification par mouillage ;

Attendu qu'il est utile de signaler que ce procédé, qu'on désigne sous le nom de polylactie, est connu de tous ceux qui s'occupent de l'élevage des vaches laitières ; qu'il faut, dès l'abord, poser en principe que ce procédé de nourriture n'est employé que pour obtenir une grande quantité de liquide, au détriment des éléments utiles, pour arriver, par suite de la qualité seule, à un résultat plus rémunérateur ; qu'il ne saurait être mis en doute, comme conséquence des observations qui précèdent, que l'absorption par les vaches laitières d'aliments aqueux détermine une augmentation de sécrétion ; qu'il en est de même de l'eau sous forme de boisson ; qu'il ne s'agit pas là d'une notion nouvelle, puisque Virgile, dans les *Géorgiques*, s'exprimait ainsi :

Ipse manu salsasque...

(*Que lui-même apporte de sa main les herbes salées ; de cette façon, les vaches aiment davantage l'eau et gonflent davantage leurs mamelles*) ;

Attendu qu'il est nécessaire de rapprocher de cette citation les constatations suivantes : Gautrelet signale l'addition brusque d'une grande quantité d'eau dans l'alimentation et il établit le tableau comparatif suivant :

	Alimentation normale	Après avoir bu un seau d'eau
Matière grasse.....................	3,75	2,74
Lactine.	5,94	4,62
Matières azotées..................	2,95	2,31
Matières minérales	1,11	0,65
Extrait..........................	13,53	10,32

Cornevin indique qu'en donnant de l'eau chaude, on a pu augmenter de 1l,400 la production laitière, tout en diminuant le taux des matières extractives; Waldmann a constaté qu'une vache donnant 13l,500 de lait quand elle est nourrie de fourrages secs en donne 20 litres quand elle est nourrie en fourrages verts; la richesse de son lait en matières grasses passe en même temps de 3,80 0/0 à 3,20 0/0; qu'on doit placer en regard la question de la race; qu'il est généralement admis que les vaches hollandaises donnent un lait plus abondant, mais moins riche que celui des vaches normandes; que cette notion, admise par tous les producteurs, est mise en lumière par le tableau suivant, qui résume les effets poursuivis en 1891 à la suite d'un jugement du tribunal de la Seine, commettant MM. Lhôte, Girard et Magnier de la Source, qui ont opéré sur des vaches nourries de la même façon (drèches, foins, tourteaux) :

	Race hollandaise	Race normande
Matière grasse totale.................	3,65	4,00
Lactine...........................	4,74	4,48
Matières azotées...................	3,00	3,82
Extrait à + 100................... ..	11,99	12,90
Densité...........................	1.029,07	1.030,08
Production en 24 heures : litres.......	22 à 24	12 à 14

Qu'il n'y a plus maintenant qu'à déduire les conséquences de tout ce qui précède;

Attendu qu'il n'est pas contesté que le liquide incriminé a bien été vendu par l'inculpé comme lait destiné à l'alimentation; que le contractant a cru l'acheter comme tel; qu'on est obligé, dans ces conditions, de rappeler ici la définition du lait adoptée par le Congrès de Genève : *Le lait est le produit intégral de la traite totale et ininterrompue d'une femelle laitière bien portante, bien nourrie et non surmenée; il doit être recueilli proprement et ne pas contenir de colostrum,* tout en regrettant que, pour un produit naturel, on soit obligé de le définir, alors que le bon sens et l'honnêteté élémentaire indiquent que le lait alimentaire doit être cette définition précise; que, conséquemment, le lait qui n'est pas obtenu comme il est ci-dessus indiqué et qui n'a pas les qualités substantielles qu'on doit retrouver dans un lait naturel, est un lait anormal, soit par suite de la maladie de l'animal ou de toute autre cause connue du producteur, soit par suite d'une alimentation spéciale et volontaire qui retranche une certaine partie des qualités substantielles ; qu'il y a lieu d'examiner, en s'occupant seulement de la polylactie, si un tel lait est falsifié ; qu'il apparaît bien que l'introduction de l'eau a altéré le produit, mais qu'on ne saurait cependant considérer cette manœuvre comme étant une falsification, puisque le produit n'était pas encore créé au moment où la manœuvre s'est produite ; qu'on ne saurait contester néanmoins que cette manœuvre a été employée, et, en fait, a eu pour but d'arriver à la production d'un liquide qu'on a affublé du nom de lait, et qui, cependant, n'en a pas les qualités substantielles ;

Et appliquant à Ramon la théorie qui vient d'être exposée en principe ;

Attendu que le contractant a été induit en erreur ou a pu l'être, puisqu'il a cru acheter du lait normal, loyal et marchand, alors que les constatations des expériences des experts démontrent le contraire ;

Attendu, en outre, que l'auteur de la tromperie a été conscient de l'acte accompli ; que ce fait est démontré surabondamment par les éléments de la cause ; qu'en effet, lors des premiers prélèvements, les vaches de Ramon étaient soumises au régime aqueux ; que l'inculpé l'a avoué en réalité en disant qu'il avait changé la nourriture après les premiers prélèvements ; que, dans tous les cas, la démonstration est faite, puisque, dans la suite, il l'a modifiée, et que la nourriture normale donnée a permis aux experts de démontrer la différence notable entre les laits de comparaison et les laits ncriminés (2,36 et 2,39, laits incriminés ; 3,22 et 3,80, laits de comparaison) ; que Ramon s'est bien gardé d'avertir le contractant, car il n'aurait pas pu probablement écouler sa marchandise ; qu'enfin, cette tromperie a causé un préjudice, puisque le contractant devait payer le prix qu'il aurait donné pour un lait normal, et que le liquide qui lui a été vendu ou offert en vente n'a pas rempli pour l'alimentation les conditions qu'il devait remplir ; que les faits reprochés à l'inculpé constituent donc le délit de tromperie sur les qualités substantielles et non celui de falsification par addition d'eau ;

Par ces motifs ;

Attendu qu'il résulte la preuve contre Ramon d'avoir, en septembre 1908, dans le département de la Seine, trompé ou tenté de tromper le contractant sur les qualités substantielles, la composition et la teneur en principes utiles de la marchandise vendue ou mise en vente ;

Condamne Ramon à 300 francs d'amende, quatre insertions... (¹).

_____

(¹) *Lois nouvelles*, 1ᵉʳ au 15 octobre 1910, n° 16.

Cour de cassation. — Chambre criminelle.

Présidence de M. Bard.

(ARRÊT DU 5 JUIN 1908. AFFAIRE QUISEFIT) (1).

La Cour : Sur le moyen unique de cassation pris de la violation des articles 12, 1 et 3 § 2 de la loi du 1er août 1905 et d'un défaut de base légale, en ce que l'arrêt attaqué (Alger, 18 mars 1908) a appliqué les peines prévues par ladite loi en se fondant sur le résultat d'une expertise non contradictoire, et sans relever, en dehors de cette expertise, d'autres circonstances juridiquement susceptibles de constituer l'élément matériel indispensable de l'infraction poursuivie; — Attendu qu'il résulte des articles 10 à 19 du décret du 31 juillet 1906, portant règlement d'administration publique pour l'exécution de la loi du 1er août 1905, que la prescription impérative et absolue de l'article 12 de cette dernière loi, aux termes duquel toutes les expertises nécessitées par l'application de ladite loi sont contradictoires, ne vise pas l'analyse préalable à laquelle il est procédé pour vérifier si la marchandise saisie est ou non falsifiée; que cette prescription n'est applicable qu'à l'expertise qui est réclamée par l'auteur présumé de la fraude ou qui est ordonnée dans les termes des articles 17 et 18 du décret susvisé; — Attendu qu'il est constaté par l'arrêt attaqué « que des deux échantillons prélevés le 17 septembre 1907 par le commissaire de police de Philippeville sur le lait que le prévenu mettait en vente, l'un a été laissé à ce dernier et l'autre a été remis pour analyse à un chimiste; qu'il résulte du rapport de ce chimiste que l'échantillon de lait analysé contenait 38 0/0 d'eau; qu'à aucun moment de la procédure, Quisefit n'a relancé l'expertise contradictoire »; — Attendu qu'en l'état de ces constatations, la Cour d'appel d'Alger a déclaré à bon droit qu'il avait été satisfait aux prescriptions de la loi du 1er août 1905 et a pu faire état de l'analyse précitée sans violer aucun des textes visés au moyen; — Et attendu que l'arrêt est régulier en la forme; — Par ces motifs, rejette.

(1) Dalloz périodique, 1909, I, 167.

Cour de cassation. — Chambre criminelle.

Présidence de M. Bard.

(ARRÊT DU 27 JANVIER 1911. AFFAIRE SUMEIRE) (¹).

La Cour : Sur le moyen pris de la violation, par fausse application, de l'article 4 du décret du 31 juillet 1906 et de la violation de l'article 44 du Code d'instruction criminelle, ainsi que des droits de la défense, en ce que l'arrêt attaqué a validé un prélèvement d'échantillons fait par un agent du service des prélèvements en dehors d'un des lieux limitativement déterminés par l'article 4 précité : — Attendu que l'article 11 de la loi du 1er août 1905 décide qu'il sera statué par des règlements d'administration publique, en ce qui concerne notamment « les autorités qualifiées pour rechercher et constater les infractions à la présente loi », et que le décret du 31 juillet 1906, pris en vertu de cette disposition, pour l'application de la loi précitée aux boissons, aux denrées alimentaires et aux produits agricoles, qualifie, dans son article 1er, le service qu'il organise de « service chargé de rechercher et de constater les infractions à la loi ». Qu'il résulte de ces textes que les agents auxquels l'article 2 du décret donne qualité aux fins d'opérer des prélèvements ont, sous les réserves exprimées audit article, une compétence générale pour procéder à ces opérations, ayant pour objet de constater les infractions à la loi pour laquelle ils ont été institués ; — Attendu qu'il est soutenu que l'article 4 du décret du 31 juillet 1906 n'autorise des prélèvements que dans les locaux ou les lieux qu'il détermine d'une façon limitative, savoir : les magasins, boutique, ateliers, voitures servant au commerce, entrepôts, abattoirs, halles, foires, marchés, gares ou ports de départ ou d'arrivée ; — Mais attendu que cet article règle uniquement le cas où il est procédé à des prélèvements d'office et confère alors aux agents du service le droit exceptionnel de pénétrer dans les locaux qu'il énumère ; qu'il n'a eu ni pour objet ni pour effet de restreindre la compétence desdits agents au seul cas où il leur est permis d'agir d'office et de leur enlever qualité, notamment pour effectuer des prélèvements au domicile des particuliers, sur la demande de ceux-ci, lorsque les marchandises sont parvenues en la possession du consommateur ; — Attendu, en fait, qu'après la livraison, à l'asile d'aliénés de Marseille, d'une certaine quantité de vin provenant d'une fourniture faite par Sumeire (Jean-Baptiste) et Sumeire (Gabriel), l'inspecteur régional de la répression des fraudes, commissionné par le préfet pour le service des

(¹) Pandectes françaises, 1911, 9e cahier, 1re partie, p. 488.

prélèvements, est venu, sur la demande du directeur de l'établissement, prélever des échantillons de la marchandise livrée ; qu'il a été ensuite procédé conformément aux articles 6 et suivants du décret du 31 juillet 1906 ; — Attendu qu'en validant le prélèvement d'échantillons ainsi opéré, dont l'annulation était demandée pour ce motif qu'il avait été effectué en dehors des lieux déterminés par l'article 4 du décret du 31 juillet 1906, l'arrêt attaqué n'a nullement violé ledit article, et a, au contraire, fait une exacte application des articles 11 de la loi du 1er août 1905 et 1er du décret précité du 31 juillet 1906 ; — Et attendu que l'arrêt est régulier en la forme ; — Rejette le pourvoi contre l'arrêt de la Cour d'appel d'Aix du 5 mars 1910, etc.

Cour de cassation. — Chambre criminelle.

Présidence de M. Bard.

(ARRÊT DU 25 FÉVRIER 1911. AFFAIRE BOUYS) [1].

La Cour : Statuant sur le pourvoi du procureur général près la Cour de Montpellier contre l'arrêt rendu le 12 novembre 1910, par ladite Cour, qui a condamné Bouys (Gabriel-Pierre-Alphonse) à une amende de 50 francs pour falsification de vin destiné à la vente, et l'a relaxé du chef de refus de laisser prélever des échantillons de son vin par un agent du service de la répression des fraudes ; — En ce qui touche la condamnation prononcée ; — Attendu que le procureur général demandeur ne produit aucun moyen à l'appui de son pouvoir ; que l'arrêt est régulier en la forme, et que les faits par lui souverainement constatés justifient la qualification et la peine ; — En ce qui touche le chef de relaxe ; — Sur le moyen pris de la violation, par refus d'application des articles 13 de la loi du 1er août 1905 et 4 du décret du 31 juillet 1906 ; — Attendu que le décret du 31 juillet 1906, portant règlement d'administration publique pour l'application de la loi du 1er août 1905, après avoir déterminé dans son article 2, les autorités ayant qualité pour opérer les prélèvements, prescrit dans son article 4, que « des prélèvements d'échantillons peuvent, en toute circonstance, être opérés d'office dans les magasins, boutiques, ateliers, voitures servant au commerce, ainsi que dans les entrepôts, les abattoirs et leurs dépendances, les halles, foires et marchés, et dans les gares ou ports de départ et d'arrivée ; — Attendu que ce texte déroge au droit commun ; que l'énumération qu'il renferme est par cela même l'initiative, et qu'on

[1] Pandectes françaises. 1911, 9e cahier, 1re partie, p. 488.

ne saurait y faire entrer les lieux privés autres que ceux qui y sont spécialement visés, sans porter atteinte, en dehors des cas prévus par la loi, au principe de l'inviolabilité du domicile ; — Et attendu, en fait, que le prévenu, propriétaire, viticulteur, a été poursuivi pour avoir refusé de laisser prélever dans sa cave des échantillons de vins par un agent du service de la répression des fraudes ; qu'il suit de ce qui précède que c'est à juste titre que la Cour d'appel a jugé que le fait incriminé ne pouvait constituer une infraction aux articles visés au moyen ; — Rejette le pourvoi formé contre l'arrêt de la Cour de Montpellier du 12 novembre 1910, etc...

TABLE DES MATIÈRES

———

CHAPITRE IV

FALSIFICATIONS DU LAIT

CHAPITRE V

ALTÉRATIONS ET VARIATIONS DE COMPOSITION DU LAIT

CHAPITRE VI

DE LA RECHERCHE ET DE LA CONSTATATION DE LA FRAUDE

CHAPITRE VII

L'ANALYSE PRÉALABLE OU ANALYSE ADMINISTRATIVE

CHAPITRE VIII

RÉGLEMENTATION

CHAPITRE IX

STATISTIQUE

CHAPITRE X

LÉGISLATION

CHAPITRE XI

JURISPRUDENCE

Tours. — Imprimerie DESLIS FRÈRES ET Cie.

www.ingramcontent.com/pod-product-compliance
Lightning Source LLC
Chambersburg PA
CBHW050108210326
41519CB00015BA/3879